Instantáneas

Beatriz Sarlo

Instantáneas

Medios, ciudad y costumbres
en el fin de siglo

Ariel

Segunda edición: noviembre de 1997

ISBN 950-9122-40-8

Hecho el depósito que prevé la ley 11.723
Impreso en la Argentina

Prefacio

El título de estos ensayos, *Instantáneas,* tiene dos sentidos y ambos me parecen adecuados. Por una parte, son brevísimas escenas captadas en tiempo presente, casi persiguiendo su transcurrir para encerrarlo en unas pocas páginas. Por la otra, son registros "fotográficos" de experiencias en la cultura contemporánea, experiencias directas, volátiles y, en algunos casos, esbozadas ante mi propia mirada. Las *instantáneas* fueron tomadas durante algo más de dos años,[1] siguiendo un plan que se comprometía a respetar el azar de encuentros y sucesos.

Porque, efectivamente, este libro tuvo un plan. Quise escribir un cuaderno de viaje por dos espa-

[1] En octubre de 1994, comencé a escribir (invitada por Rodrigo Fresán y Eduardo Blaustein) una columna en *Página 30.* Muchas *instantáneas* fueron publicadas allí, dos en el suplemento cultural de *Clarín,* una en *Punto de Vista* y otra en *El caminante.* Las que tienen como tema los nuevos video-games fueron escritas después, cuando conseguí algún dinero para comprar una computadora y una lectora de CDROM. El estudio de los juegos en CDROM, que forma parte de este libro (donde sólo se presenta una muestra de las decenas que he examinado), fue hecho posible por una beca de la John Simon Guggenheim Memorial Foundation, obtenida en 1994.

cios: la cultura audiovisual y la vida cotidiana. Los recorridos no iban a ser exhaustivos ni tener la pretensión de ofrecer un sistema. Más bien, registré, cada dos o tres semanas, aquello que veía en la ciudad y aquello que veía en los medios, con la idea de adivinar los rebotes y los ecos entre uno y otro espacio. Se trataba de seguir el itinerario de las mitologías contemporáneas que parecen fugaces como verdaderas "instantáneas" y sin embargo marcan a fuego el presente. El plan entonces tiene que ver con el cuaderno de recortes, con el diario de un viaje por lo conocido, con el álbum de fotos. Observar lo familiar, lo que se repite y por eso significa, lo que se ve poco y, también por eso, tiene sentido.

No oculté mis antipatías ni mis predilecciones. Como fotografías, todas las escenas tienen un punto de vista, primeros planos elegidos, una luz o un movimiento. Fue inevitable que este libro tuviera un acento personal. Sin embargo, los instrumentos de trabajo, con los que estas *instantáneas* fueron captadas, vienen de la literatura y del análisis de la cultura. Me moví con la idea de que el viaje por lo cotidiano (por los depósitos de banalidad y de resistencia a la banalidad que están entre nosotros), podía ser *narrado y criticado al mismo tiempo*. El relato de los cuadros de vida o de las escenas mediáticas es fundamental si se busca un ángulo crítico sin pasar por alto que lo cotidiano es denso y debe ser mirado en detalle, porque en sus pliegues hay nudos de sentidos que no siempre quieren ser dichos.

Mirar en detalle, en una relación de cercanía pero no de complicidad, captar la escena desde el lugar más próximo posible, es una cuestión de método. Si se quiere discutir con el populismo celebratorio de los mass-media, o con el realismo para el que todo está bien simplemente porque existe, es preciso ser más concretos, más exactos, más detallistas que quienes celebran (con un encadilamiento un poco provinciano) la televisión, la cultura juvenil, la deriva llamada "posmoderna" o las computadoras. Si hay algo que quise hacer en el diario de viaje fue producir la complicada yuxtaposición de detalles, de pequeños toques, que forman los estilos de vida y los géneros culturales. Sólo a partir de esa mirada que Walter Benjamin llamó "microscópica", pude convencerme de que se podían evitar las generalizaciones blandas sobre la cultura posmoderna, ya sea en tono optimista o de condena.

El recorrido por una cotidianidad profundamente conformada por los medios, de una cotidianidad que fuga de un relato a otro, de una creencia a otra, debía ser tan material como fuera posible: criticar la pista audiovisual exige una mirada cercana (una mirada propia de la crítica literaria, diría) sobre su estética. Sin proximidad, es fácil incurrir en la celebración general de la nueva comunidad mediática, distraerse apasionadamente con sus pormenores tecnológicos, o sucumbir al desencanto porque no se conoce bien aquello que se critica. La cuestión central, entonces, es la nitidez con que se capta el detalle. Me dediqué a eso, creyendo que en alguna parte del laberinto que parece siempre igual, hay rastros que permiten entender algo más de lo que entendemos.

Intenté mirar de cerca algunas pasiones de todos los días. Y, mientras miraba (sin resistir la curiosidad ni el interés), traté de escribir el modo en que había visto.

I
De este lado

Figuras del amor

Quisiera ver con más claridad,
pero me parece que nadie ve con más claridad.
MAURICE MERLEAU-PONTY

El amor en el fin de siglo es estético: pura mirada. La perfección del cuerpo ha alcanzado el punto donde, como en el arte, las cosas están para ser vistas y no para ser tocadas. Lo que podría haber sido, hace veinte o treinta años, un rasgo de lo "femenino" hoy se ha universalizado: allí están los hombres, tan histéricos como las *stars* de un teatro de revistas. La tecnología de los cuerpos ha suprimido, además, la posibilidad de sopesar el curso de los años en las huellas que se imprimen sobre la piel: la cirugía prueba que el tiempo puede ser (momentáneamente) abolido, circundando el deseo de abolir la muerte misma. Y sin muerte, como amenaza siempre pendiente, es difícil pensar en la eternidad del amor. El amor sólo quiere ser eterno cuando lo persigue la inevitabilidad de la muerte.

Junto a este museo de cera, que la televisión vuelve espectáculo, está el momento de esplendor no quirúrgico exhibido por la juventud de las discotecas. En medio de las luces estroboscópicas, lo que allí se ve parece claro: cuerpos pintados, cuya decoración, más que signos para la mirada, son marcas de identidades fugaces que se construyen por una noche. Esos cuerpos, cuando son verdaderamente jóvenes, soportan bien la extravagancia, el disfraz y la mostración de lo falso depositado en capas estéticas sobre lo verdadero. Así, esos cuerpos se aman porque se miran y pueden ser mirados.

También sobrevive, como un fantasma romántico, el amor bobo. Él sigue enseñando que enamorarse es lo más hermoso, que todo cambia en el mundo cuando se mira al ser amado, que la naturaleza comunica a los amantes su fuerza y los convierte en portadores de un destino: el destino de haberse encontrado (nada más contingente, por otra parte, nada más vinculado al azar). El enamoramiento, este acto que pertenece a la cultura ya que no hay enamoramiento fuera de un ideal cultural de amor, se presenta como flechazo de la naturaleza, irrupción de lo inevitable. Nadie ve claro, pero, en el flechazo, la claridad es lo menos importante. La televisión se ocupa de este amor en sus folletines, creyendo que sus vueltas y revueltas pueden verse claro. Se desencadena entonces el flujo del sentimentalismo y este aspecto anacrónico no sorprende en medio de una sociedad cada vez más tecnologizada.

También está el amor técnico que supera todas las barreras: los bebés de probeta colman a padres estériles y la gente sigue en vilo las peripecias de un nacimiento múltiple que prueba no sólo el poder de la ciencia sino la constancia del deseo. Mujeres solas engendran sus hijos en la soledad de una intervención médica; un matrimonio conocido cuenta la historia del alquiler de una madre sustituta. Los amantes se miran a través de un vidrio: el objeto del amor se mueve siguiendo la sinuosidad de los tubos, en la luz fría de un congelador de semillas humanas. La ciencia ayuda al amor consolidando vínculos que, hace cien años, el amor se empeñaba en destruir. Hace cien años algunos escritores mostraban cómo la cotidianidad familiar y la procreación extinguían las hogueras de la pasión en los altares de una ingeniería social que necesitaba de la fidelidad a la familia.

El amor heterosexual, bisexual, homosexual, que enfrentaba los obstáculos, las prohibiciones, el castigo, la cárcel, expande actualmente su fuerza y, como derecho civil, se impone sobre el legislador y el sacerdote (aunque tanto el sacerdote como el legislador resistan aquello que los enamorados desean). El amor ya no tiene sexo: flota, como un polen, sobre las relaciones, liberado del destino que le imponía la fijeza de quienes amaban como hombre o como mujer. Esta última figura del amor, la más libre, la más subversiva, no puede prescindir, sin embargo, ni de la tecnología médica (que acentúa o mitiga, según los casos, el horror del sida) ni del sentimentalismo. Hoy se reclama la "normalidad" con la misma convicción con que antes los perseguidos, los marginados, las adúlteras exhibían su diferencia. También los diferentes quieren, finalmente, que la mirada que los mira vea claro.

Sexo oral

La religión es la teoría general de este mundo, su compendio enciclopédico, su lógica presentada bajo forma popular, su orgullo espiritual, su entusiasmo, su sanción moral, su complemento solemne, su razón general de consuelo y justicia.

KARL MARX

Cuando el filósofo, a mediados del siglo pasado, escribía estas frases, la religión era en la vida pública lo que el sexo en los subterráneos y pasadizos secretos de la moral victoriana. Se sabe, los victorianos hablaban de religión cada vez que querían decir "sexo". Hoy, tales ocultamientos parecen completamente innecesarios: hablamos de sexo todo lo que queremos y, quizá por eso, hemos vuelto a hablar de religión pero de manera diferente: bajo sus formas más consumibles, *New Age*, trascendentalismos varios, orientalismos de semanario ilustrado y regímenes astrales para adelgazar. Las neo-religiones actuales carecen de un concepto fuerte de Mal.

Sin embargo, la vieja Iglesia, tan intransigente como lo fue a lo largo de los siglos, no se deja engañar y proclama la necesidad de una cruzada contra esas formas livianas del neo-espiritualismo.

Pero lo principal es que el sexo ha dejado de preocuparnos como pecado, prohibición, fruta original, espacio subterráneo. El sexo es nuestro sentido común y, como tal, forma parte de las conversaciones hogareñas en las casas de capas medias más o menos ilustradas. Allí, frente al cálido desorden de la mesa del desayuno, las hijas adolescentes discuten con sus padres los mejores métodos contraceptivos y calculan cuándo les conviene acostarse por primera vez con su novio. La familia entera está mancomunada en ese ritual de iniciación que ha abandonado definitivamente su carácter transgresivo y secreto. Los detalles se establecen con tanta precisión como una lista de regalos de casamiento o las actividades de las próximas vacaciones. Todo el mundo, frente a esa mesa de desayuno, está un poco excitado y un poco curioso y nadie quiere perderse la oportunidad de vivir ese suceso (que pertenece a la más incomunicable de las experiencias) como un acontecimiento donde la familia participa sanamente.

Padres e hijos hablan del sexo como las enfermeras profesionales hablan del cuerpo de los enfermos: limpiamente, como si no fueran cuerpos, ni olieran.

La ola del sexo oral tiene su "compendio enciclopédico, su lógica presentada bajo forma popular, su orgullo espiritual, su entusiasmo": es la religión de la buena convivencia, impartida en gabinetes psicológicos (que dan la espalda al padre del psicoanálisis, respetable ciudadano vienés a quien esas conversaciones matutinas habrían parecido, en primer lugar, vulgares y, en segundo lugar, inútiles), programas de televisión, revistas ilustradas, sexólogos que propagandizan el sexo como disciplina enseñable (una especie de tennis más íntimo, gratificante y, aunque no se crea, espiritual).

Si, antes, la religión establecía el marco de nuestras relaciones con el Mal, el Bien y la trascendencia, hoy el sexo oral pone el marco de las relaciones entre los cuerpos. Se trata, en primer lugar, de ablandar el momento duro, crispado, traumático que forma parte de cualquier iniciación. En ese sentido, el sexo oral es bienpensante: padres y madres creen que lo mejor es que sus hijos no pasen por las que ellos pasaron. Nada de buscar hoteles rotosos, ningún ocultamiento lejos del hogar: la familia es bondadosa y, aparentemente sin intromisiones ni violencias íntimas, tiene un registro más o menos fiel de las actividades sexuales de sus miembros adolescentes. Nadie se salva de contar su historia en la mesa del desayuno. Hoy, las ovejas negras no son quienes se acuestan con sus novios del secundario (como hace treinta años) sino quienes, por motivos inconfesables, ocultan esas relaciones a sus papás. Así como la puericultura moderna enseñó a los padres a mostrarles sus cuerpos desnudos a los hijos, la psicología enseña a los hijos a mostrarles sus experiencias sexuales a los padres.

Los que ya son viejos, y tuvieron que encontrar solos los métodos anticonceptivos y las piezas de hotel, tienen a Luisa Delfino. Los náufragos y los solitarios ejercen su sexo oral radiofónico; por allí desfilan miserias bien distintas a la excitación familiar de las mesas de desayuno cuando los hijos están preparando su "primera vez". Como la vieja religión, Delfino proporciona una "razón general de consuelo y justicia". Están también todos los suplementos dominicales de los diarios y decenas de revistas: el desgano sexual, la frigidez femenina, el mito del orgasmo simultáneo se apilan en las páginas que, hasta hace unos años, ni soñaban que ésos iban a ser sus temas. La oralidad del sexo es un sentido común.

Entonces, después de medianoche, tenemos, en la radio, otra vuelta de tuerca del sexo oral. Una *hot line* para jugar al sexo oral en el más explícito de los sentidos. Y gratis: quiero decir, no se paga una tarifa especial por la llamada telefónica, como en las *hot lines* privadas. De la mesa del desayuno, donde el sexo (como antes la religión) presenta "su lógica bajo forma popular", llegamos a una puesta en escena pública de las fantasías sexuales sin otra mediación que el teléfono. El sexo oral radiofónico tiene la ventaja del anonimato, aunque el anonimato (por lo que se escuchó hasta ahora) no produce mayor originalidad: se dan los circuitos de mutuo reconocimiento típicos de los programas donde los oyentes saludan a otros oyentes, dedican temas a sus amigos y festejan los cumpleaños del vecino o la compañera de quinta división tarde de la escuela. El sexo oral es hablado por las fantasías más conocidas y esto no puede ser de otro modo: es la radio la que habla en las voces de sus oyentes, son las fantasías que antes se pusieron allí las que los oyentes participantes devuelven a los promotores del sexo oral libre. Si la Iglesia u otras autoridades se preocupan por la *hot line*, mi consejo es que se despreocupen: allí, como en la mesa familiar del desayuno, no pasa nada.

El sexo oral es, siempre, sexo permitido, aunque lo que se permita cambie según las épocas.

El sexo ha dejado de estar en un lugar "profundo" para volverse todo evidencia. Pero esta religión contemporánea tiene su Mal: el sida nos recuerda a todos que la luz que ilumina la mesa de desayuno, en algún departamento del Barrio Norte o de Palermo, tiene su oscuridad a mediodía. Ya nadie piensa que las chicas de capas medias corren demasiado riesgo cuando se acuestan por primera vez con alguien durante el picnic del 21 de setiembre; ese día, en cambio, cualquier estudiante puede enfermarse de muerte.

Décadas

Entonces, la hermana dulcemente
separó el sexo de su hermano dormido,
y lo comió. Le dio, en cambio,
su dulce corazón, su corazón rojo.

ROBERT MUSIL

Los versos de uno de los grandes novelistas de este siglo son, para decirlo bien simplemente, demoledores. Ellos nos traen todo el sanguinario color de la pasión, la dulzura fatal del erotismo, el abandono de un cuerpo dormido sobre el que actúa la voluntad de otro cuerpo decidido a amar y ser amado hasta la muerte. La hermana toma el sexo del hermano y le entrega su corazón: incesto, sangre, antropofagia, son los pilares del mito. La hermana es Isis, el hermano es Osiris y estamos en el teatro de la religiones arcaicas que tanto fascinaron a los modernos. Pocas cosas igualan la intensidad temible de esta escena de amor que une erotismo y muerte de manera clásica.

Hoy, el amor y la muerte, aparecen unidos de otros modos. Al sida se lo pensó como una "enfermedad del sexo" y muchos siguen pensando, absurdamente, que la supresión del ejercicio libre de la sexualidad puede resultar en una supresión de la enfermedad. Otros reclaman para el sida la intensidad de un amor un poco fraternal y un poco religioso, que acompañe al condenado, a la condenada, borrando la marca infamante grabada por el mezquino juicio moral que se precipita sobre la homosexualidad y la droga para denunciarlas sin entender nada de ellas. Entre estas dos posiciones extremas (que responden a la moral reaccionaria y al humanitarismo), todos sabemos que se ha cerrado el capítulo del amor y de la sexualidad que se había abierto, con música de rock y baladas, en los años sesenta.

Como sea, en este fin de siglo, la alegoría del poema donde hermano y hermana se aman hasta la muerte (resucitarán después, porque el mito es de amor, muerte y resurrección), parece desplazada con violencia por otras alegorías. ¿Qué mitos del amor hay frente a la amenazadora parábola de la enfermedad expansiva?

Hace treinta años, una generación pensó que el amor, la pasión y el deseo podían establecer tiendas separadas, firmar una especie de tregua y admitir, para felicidad de todos, que su independencia era un hecho no solamente deseable sino casi completamente realizado. Esas gentes de los años sesenta habían aprendido, en los discursos tributarios, lejanos y próximos, del psicoanálisis, que el deseo no debía ni podía ser gobernado por el amor; que la pasión podía acompañar al amor pero sólo hasta un cierto punto y durante un cierto tiempo; y que los derechos de la libertad podían ejercerse sin los peligros que los habían amenazado hasta entonces. Éramos portadores de un sentimiento (el amor), de un impulso irrefrenable (la pasión) y de una hendidura que hacía posible el deseo. Nada impedía perseguir el amor, entregarse a la pasión, obedecer el impulso: la moral y las costumbres habían cambiado, aun en sociedades como la Argentina, en el curso de una década. Quienes no habían cambiado, eran retardatarios y la historia los barrería con sencillez.

A mediados de los años setenta, tal como suceden las cosas en este país, el reflujo comenzó por el lado (ciertamente pasional) de la política: con la dictadura militar conocimos la quebradura que el autoritarismo podía introducir en la vida privada, y también muchos conocieron la degradación del deseo y la contaminación de erotismo y muerte en los campos de concentración militares. Muchos fueron víctimas no sólo de la represión sino del deseo de los represores. Este es el capítulo argentino de la historia del erotismo perverso.

Diez años después, en los ochenta, las cosas no iban a volver al lugar donde las había dejado la irrupción de la dictadura. En el medio, ya había despuntado el sida y también el post-neo-romanticismo que es uno de los rasgos de la *New Age*. El sida carcome el cuerpo en su superficie y en su profundidad; sucede a las grandes enfermedades históricas, a la peste y a la tuberculosis, en su capacidad de producir muerte y mitos al mismo tiempo. La *New Age* postula una ingeniería corporal mezclando un poco de espiritualismo, un poco de naturalismo, un poco de ecologismo y un poco de dieta y de gimnasia respiratoria. Es la versión capitalista de tendencias que estaban en la revolución cultural hippie de los años sesenta: la *New Age* es un hippie tonto y bien vestido, visto por televisión. Los ochenta, entonces, trajeron una novedad siniestra y un reciclaje de lo conocido, ablandado para el uso de gente que ya no quería complicarse la vida con pasiones públicas. Un mito como el que fascinó a Musil, Isis devorando a Osiris, ya no resuena en el escenario donde hay mucha muerte y bastante tontería.

Los ochenta trajeron también un pequeño escándalo de dimensiones locales (que, por supuesto, no dejó de llamar la atención de algunos obispos que siguen, bien despiertos, las desviaciones de la vida contemporánea). Se trata de la prostitución que se iluminó con una luz pública en la Argentina: si por un lado, una asociación de prostitutas reclamaba sus derechos, violados sistemáticamente por la policía, por el otro, para citar sólo un ejemplo, los diarios comenzaron a aceptar decenas de avisos de servicios que, hasta ese momento, no habían recurrido a la publicidad en la prensa respetable. Hoy y todas las mañanas, en Uruguay y Corrientes, un muchacho discreto reparte volantes con los precios de diferentes ofertas sexuales, demostrando, con la persistencia de quien lo envía, que la publicidad ha quedado establecida de aquí en más como una costumbre aceptada. Hace poco, un visitante europeo comentaba asombrado la colorida abundancia de videos porno en los kioscos mejor ubicados de la ciudad: los argentinos no necesitábamos ir a negocios tres X para comprar el alimento magnético de nuestros deseos. La televisión se fascina con estas historias y narra o documentaliza las ofertas de erotismo hetero, bi, trans y gay.

Por supuesto, el mito tiene que estar en alguna parte. Isis y Osiris han muerto, para renacer en las interminables historias de filiación con que se puebla la programación televisiva: desde la filiación del hijo de amor que tuvo el presidente cuando fue un preso de los militares, hasta la filiación de Dulce Ana o Perla Negra. La filiación fue siempre una circunstancia importantísima para la novela popular porque de los líos de filiación depende el incesto: ¿de quién son hijos los hijos? ¿con quién se acuestan los hijos que no saben quiénes son sus hermanas, padres y hermanos? En este escenario, casi todo lo que puede desearse es que alguien, en algún momento, escriba algo tan intenso como el poema donde Isis devora el sexo de Osiris y le entrega, a cambio, su corazón.

La belleza amenazadora

A diferencia de la fiesta oficial, el carnaval es el triunfo de una especie de liberación transitoria, más allá de la órbita de la concepción dominante, la abolición provisional de las relaciones jerárquicas, privilegios, reglas y tabúes. Se opone a toda perpetuación, a todo perfeccionamiento y reglamentación, apunta a un porvenir aún incompleto.

Mijail Bajtin

De la frase, me interesa sobre todo la idea del carnaval como futuro incompleto, no previsto por la ley, ni controlado por las instituciones. El disfraz usa los vestidos contradiciendo su función social y así convierte a todas las cosas en algo provisorio. Los vestidos son parte de un juego abierto y enigmático, que no habla sólo de preferencias libres sino, muchas veces, de sumisiones o de prestigios insoportables. El vestido es un homenaje y una competencia, una amenaza y una imitación tranquilizadora. Los travestis son un avatar de ese juego cuando, por ejemplo, imitan a las vedettes del show-business. Su impacto es tan fuerte que obligan a sus modelos a responder a la estética del travestismo, en un campo de reflejos que se confirman mutuamente. Moria Casán se disfraza de travesti, imitando a los travestis que la imitan. Moria Casán es una mujer que imita a un travesti imitando a Moria Casán. Recurre al mismo bazar de símbolos: pechos, pestañas, caderas, labios hinchados, pelos. Todos estos elementos se distribuyen sobre el cuerpo de Moria Casán siguiendo tendencias estilísticas que provienen de la estética carnavalesca de la murga combinada con el viejo teatro de revistas. Ella generaliza esos rasgos y se los devuelve a sus mejores cultores: los travestis. Los préstamos desestabilizan las funciones más obvias del vestido.

Marlene Dietrich está en el extremo opuesto. En una foto de 1933, se apoya contra la baranda de una escalera de madera, probablemente en la cubierta de un barco, cuyo piso de listones tiene la solidez de una plataforma digna del cuerpo que, en diagonal dentro del rectángulo de la foto, sigue la línea también diagonal del pasamanos de la escalera. Sobre el último peldaño, formando un ángulo cerrado, están los pies de Marlene calzados en zapatos blancos de capellada lisa. También blancos, los pantalones anchos dejan caer la botamanga sobre el empeine. Sueltos pero envolventes, los pantalones apenas si permiten adivinar la marca de la rodilla derecha (cuya pierna está más flexionada) y la línea oblicua del muslo, que parece duro y delgado. Las caderas, completamente planas, apenas si se angostan en la entrada casi imperceptible de la cintura. Marlene tiene las dos manos en los bolsillos del pantalón, y el borde de los puños de la camisa blanca está cubierto por las mangas lisas de un saco también blanco, recto, que los brazos desplazan hacia la espalda. Las solapas impecables se abren a los costados de una corbata oscura, probablemente azul, con pequeños dibujos claros ordenados en líneas regulares hasta el nudo flojo pero geométrico que toca los bordes de un cuello oxford. Marlene lleva una boina blanca, profundamente calzada, que atraviesa la frente en diagonal, de izquierda a derecha.

Está muy maquillada y casi no se ven sus ojos, hundidos en la sombra que los rodea, esfumada hasta rozar las sienes. Mira hacia abajo, la boca severa pero rebosante de rouge no sonríe. Es "el triunfo de una especie de liberación transitoria, más allá de la órbita de la concepción dominante, la abolición provisional de las relaciones jerárquicas, privilegios, reglas y tabúes".

Así vestida, Marlene pronuncia un monólogo silencioso que dice varias cosas al mismo tiempo: soy Marlene Dietrich (su cara es naturalmente inconfundible), la imagen erotizada de la mujer tal como quedó establecida para siempre después de *El ángel azul*. Pero, precisamente porque soy Marlene Dietrich, también soy este cuerpo que lleva un traje de hombre. Atraigo a los hombres vestida de hombre, sabiendo que mi atracción es confusa y que mi sexo no pertenece del todo a ninguna parte. Soy una mujer vestida de hombre que no parece ni un hombre ni una mujer.

Ella sigue siendo la mujer fatal, cuyo emblema está en los ojos, que es lo único que la foto conserva intacto, como si fueran los ojos de otra fotografía. Y, al mismo tiempo, es un hombre fatal. No una mujer disfrazada de hombre, sino una mujer cubierta por los signos culturales de la masculinidad elegante y mundana. Ella ha sobrepasado los límites del disfraz porque su disfraz es en realidad una manipulación completa de elementos que caracterizan a dos tipos sexuales: se viste de hombre como mujer peligrosa, es un cuerpo oculto y arriesgado. Está en ese medio donde se pervierten las relaciones de jerarquía y se desordena lo que la sociedad ordena según un sistema binario de géneros sexuales.

En esta fotografía, Marlene no exagera ni parodia nada: simplemente se niega a cerrar un juego donde se es algo por completo. Ella no es nada por completo. Está allí para que nos sintamos confundidos. Está allí protestando, con una belleza amenazadora, contra los dilemas sexuales de la moral.

La foto de Marlene es una "liberación transitoria de las jerarquías": no se trata de un acto de travestismo simple (aunque ningún acto de travestismo sea, en verdad, simple) sino de un movimiento que se des-marca de las líneas que organizan el sistema sexual. Ella no finge ser un hombre. Tampoco está jugando a ser un hombre. No está allí como mujer disfrazada de hombre. Está allí como cuerpo cubierto de ropas de hombre que no ofrece ni la imagen de un hombre ni la de una mujer. Está allí para decir que en ese momento, en esa fotografía, el sexo es indecidible, y que su género sexual tiene mucho de hombre y mucho de mujer pero en una mezcla donde no prevalecen ni las marcas del hombre ni las marcas de la mujer. Por eso la foto no tiene la exageración ni la parodia que habitualmente acompaña al travestismo.

Marlene no es un travesti porque en ella no hay nada de imitación exagerada, ninguna fijeza de ningún rasgo sexual. Su vestido de hombre no es un disfraz, aunque tenga el efecto de los disfraces que ocultan una apariencia para mostrarnos otra. Ella no está jugando a mostrarse como hombre, lo que la convertiría en travesti. Un hombre no podría imitar a Marlene. Ella está jugando a cambiar las leyes del juego de los vestidos y de la sexualidad.

Marlene es perturbadora. Ni una mujer ni un hombre. En ese momento privilegiado de la foto, es "el triunfo de una especie de liberación transitoria": el sexo que se resiste a una clasificación binaria, porque reclama el derecho de elegir la indeterminación.

Fotos del verano

Los árboles son los árboles,
las casas son las casas,
las mujeres que pasan son mujeres,
y todo es lo que es, sólo lo que es.

EUGENIO MONTALE

Se sabe que la luz cruda del verano, a mediodía, es mala para tomar fotos, porque las caras se aplanan, chatas y sin sombras, o se parten en dos, divididas en un plano de sol y una oscuridad que surge de los contrastes marcadísimos. No tomar fotos al mediodía es la primera consigna de las vacaciones.

Ni sol ni fotos a las doce, ese momento en que el calor tiene vibraciones sonoras, el cielo está inflamado como si se hubiera convertido en alcohol y la siesta crepita en el asfalto de las ciudades o en la arena de las playas. A mediodía, los árboles son sólo árboles, sin color, perdidos en la luz vivísima; y las casas son nada más que fachadas: comidas por la luz, relampagueantes sobre los bulevares marítimos, o en las calles emblanquecidas de los pueblos de veraneo. Como dice Montale, "todo es lo que es, sólo lo que es". Cuando la hora de la siesta comienza a declinar, recién entonces, se puede tomar la cámara y sacar unas fotos de vacaciones donde los árboles sean más que árboles, las mujeres más que mujeres, y las cosas signifiquen algo más que lo que son.

Sacamos las fotografías del verano, sinónimo de fotos de vacaciones, con la esperanza de que algo más que las cosas, los árboles y las mujeres se salve en ellas. Buscamos el aura inalcanzable, irreproducible, del verano.

En una foto se ve una vieja rambla de madera: Mar del Plata antes de las grandes construcciones sobre la costa. El lugar es casi sombrío y su semioscuridad, de algún modo, justifica que las dos mujeres (dos damas respetables) estén vestidas de pies a cabeza: mangas hasta el codo, lazos en la cintura, pliegues de una sobrefalda a la altura de las caderas, sombrillas cerradas y guantes blancos de hilo. Vienen caminando hacia el objetivo, tomadas del brazo; una de ellas mira de frente, lleva la mano izquierda hacia el velo corto que sujeta su sombrero de paja, como si estuviera por acomodárselo mejor. A la otra, la vemos casi de perfil, porque está hablando con su amiga (las dos damas tienen la misma edad: no son madre e hija, sino hermanas, cuñadas, quizá simples conocidas de vacaciones). Acaban de pasar al lado de una tercera mujer que se aleja, de espaldas, vestida de modo más alegre, con un traje blanco, sin pliegues, de pollera casi recta, gran cinturón oscuro, seguramente del mismo color que las cintas que adornan el rectángulo de un cuello marinero; su sombrero, visto desde atrás es intensamente blanco, porque un rayo del sol, que ya declina, se filtra entre las columnas de la rambla. Las dos primeras mujeres, en sus próximos pasos (que la foto, naturalmente, no ha registrado), alcanzarán a una niña, también vestida con un traje marinero, de falda corta, que quizá las acompaña en el paseo.

Los grises de la foto crean una atmósfera atenuada: ¿un día destemplado en Mar del Plata, un día frío en el que las damas caminan por la rambla porque la playa está demasiado ventosa? ¿O simplemente el comienzo del atardecer, como lo indican algunos rayos oblicuos y los detalles de las ropas, que percibimos claramente, sin achatamientos ni fuertes contrastes? Las mujeres son sólo dos mujeres y están hablando. Mientras conversan, avanzan hacia el objetivo de la cámara Kodak de cajón que quizás está siendo disparada por el marido de una de ellas, o por un hermano de la niñita.

Otra foto del verano: pleno mediodía en la arena. No hay sombras, casi, bajo el cuerpo aplanado sobre una esterilla; el bolso de paja tampoco produce sombras, ni las ramas de unos tamariscos sobre la pendiente del médano. Alguien ha sacado esta foto, desafiando todas las reglas del buen fotógrafo de vacaciones. Alguien no ha esperado que el sol vaya cayendo, o ha llegado demasiado tarde a la playa y se decidió a tomar la foto en las peores condiciones, porque éste es su último día de vacaciones y debe hacerlo. Todo lo que aparece en la fotografía "es sólo lo que es", sin la telaraña de los matices, sin la distracción de las sombras, sin el enrejado que, pocas horas más tarde, dibujarán las ramas de los tamariscos sobre la arena.

Sólo hay una sombra: la que dibuja el ala de un sombrero de paja sobre la cara de la mujer, de modo tal que ese parche casi negro, muy contrastado, tampoco dice mucho: simplemente hay una parte de la cara de la mujer que no se ve para nada en la foto. El cuerpo de la mujer se apoya sobre una extensión completamente blanca. La luz ha quemado los detalles y, en la foto, sólo vemos lo indispensable: una mujer que no mira al fotógrafo, un bolso, unas ramas. Es imposible decidir si el fotógrafo y la mujer se conocen: la foto no trasmite ninguna intimidad.

Otra foto del verano. También es mediodía. Lo sabemos porque algún mecanismo de la cámara ha grabado el día y la hora sobre el ángulo inferior derecho: 11 de enero, 12.30, se lee. Pero los modelos de la foto están bajo un árbol. Las sombras salpican la cara y el cuerpo de una adolescente, vestida con un solero de lunares. Monta un caballo tobiano, las dos piernas recogidas a un lado. Lleva en brazos un gran ramo de aromos, que le ocultan el pecho, el cuello y el mentón. Ella mira hacia la cámara sin esfuerzo, porque la sombra del árbol impide que el sol la deslumbre. Sonríe. Las riendas caen desde el cuello del caballo hasta las manos de un chico, que las ha tomado como si estuviera dispuesto a conducir el caballo a alguna parte, fuera de ese refugio de sombras producido por las ramas del árbol cuyo tronco está justo en el fondo, parcialmente oculto por los personajes de la foto. Los aromos, el estampado del vestido, las mantas que sirven de montura, la camisa a cuadros del chico, el pelo translúcido de la adolescente, y hasta el lustre en las paletas del caballo, se perciben sin dureza, como detalles nítidos y al mismo tiempo solidarios entre sí: ninguno de esos rasgos anula al otro; por el contrario: se completan y, en algunas zonas de la foto, se funden sin perderse nunca del todo.

La foto es enigmática. La intimidad entre el fotógrafo y sus modelos nos deja afuera. Ni los árboles son los árboles, ni la mujer es sólo una mujer, ni las cosas son sólo lo que son. Hay una historia en esta foto, que no alcanzamos a adivinar: en la sutileza de su luz y las alternancias de puntos de sombra y grises más claros, en la imprecisión de las flores de aromo y la nitidez de los lunares del vestido, se nota que el fotógrafo sabía lo que estaba haciendo. Pero nosotros no sabemos lo que él seguramente sabía. La foto, que parece más explícita que las otras, dice, sin embargo, mucho menos. Al mirarla tenemos la sensación incómoda de que no "todo es lo que es".

Queridos niños

En vez del país maravilloso que yo le ofrecía, la tontita elegía las películas más cursis, una melaza pegajosa.

VLADIMIR NABOKOV

Durante semanas se encerraba en su pieza para recortar fotos. Había acarreado allí algunos grandes tomos de los Museos de Europa, y clasificaba las fotos de actores y cantantes de acuerdo con el parecido que pudieran tener con personajes de cuadros muy famosos: Sandro era idéntico a uno de los herreros de la fragua de Vulcano que pintó Velázquez; Xuxa se parecía bastante a un angelito varón de un retablo holandés anónimo; Fito Páez, con los rulos sueltos, tenía algo de príncipe distraído de van Dyck, pero, naturalmente, más feo; Araceli no se parecía mucho a nadie, pero si había que poner su foto en alguna parte, elegía una virgen de Murillo (su madre le había informado que era un pintor de muy mal gusto, pero a ella le encantaba). Tenía la esperanza de encontrar los dobles de todas sus estrellas favoritas. El año anterior se había dedicado a armar el álbum de las estrellas que le gustaban a su madre: un actor medio petiso, peinado hacia adelante, con gorra y campera de cuero; otro de gran jopo rubio también vestido con una campera y pulóver de cuello alto; y una serie de señoras que no le parecían especialmente lindas.

Durante los meses de primavera, se había apasionado por los ositos de peluche y reclamó, sin obtenerlo, que le compraran la revista con el curso completo para fabricar animales de peluche en casa. Tampoco le habían comprado el equipo para bordar alfombras, que traía hilos, bastidor y una cantidad de modelos. Fracasó en el intento de armarse un bastidor con el marco de un espejo que previamente rompió a propósito; pero fue en vano, porque necesitaba un doble marco que estirara la tela con firmeza. Ella habría podido copiar las fotos de los artistas sobre un pedazo de mantel viejo, que parecía adecuarse perfectamente al bordado; se habría tratado sólo de seguir los contornos después de colocar un carbónico debajo de la foto.

Era muy hábil en todas esas cosas: para el Día de la Madre había hecho servilleteros con cáscaras secas de naranja; portafósforos armados con cajitas de remedios; mantelitos individuales de papel reciclado que obtenía hirviendo tapas de revistas viejas a las que agregaba cal viva, soda cáustica y bicarbonato. De todos los regalos, el mejor fue una mesita ratona, que había encontrado medio desvencijada en la azotea de su abuela, y sobre la que trabajó durante semanas. Forró cada pata con medias de tenis teñidas al batik y cubrió la madera con un cartón blanco sobre el que fue imprimiendo sus calcomanías favoritas. La abuela había quedado completamente asombrada, y la maestra de manualidades también.

La madre, en cambio, corrió a la biblioteca, sacó un libro que hojeó velozmente hasta llegar a una página: "En vez del país maravilloso que yo le ofrecía, la tontita elegía las películas más cursis, una melaza pegajosa". Cerró el libro y le dijo a su hermana, que por casualidad andaba por allí: "Viste cómo es; va a terminar siendo actriz de televisión o psicopedagoga".

La hermana le dijo que no se preocupara, que todos los chicos son así, hasta que llegan a los doce años y se ponen peores. Su hijo, sin ir más lejos, desde los tres años coleccionaba tortugas ninjas. Habían tenido que poner una repisa en su cuarto, donde se alineaban especímenes venidos de todas partes: del kiosco de la esquina, de premios ganados por correspondencia, tortugas taiwanesas compradas en la juguetería, una tortuga gigante con caparazón forrado en piel de lagarto que le habían traído de Miami, gomas de borrar con forma de ninja, sacapuntas, etiquetas para cuadernos, hebillas de cinturones, remeras y gorras, vasos-tortuga con dos bombillas de plástico que salían del antifaz, un velador de los que quedan prendidos toda la noche, y, aunque parezca increíble, un charango comprado en la feria artesanal de Mataderos hecho con un caparazón de tortuga decorado estilo ninja. Su hijo había dibujado una tortuga en la portada de su primer cuaderno de clase y a la maestra le había parecido bastante bien. Lo peor llegaba cuando usaba sombra azul noche, que sacaba del botiquín del baño, para pintarse el antifaz ninja. De eso debe haberse agarrado la conjuntivitis que lo tuvo medio ciego.

La madre de la chica repitió: le gustan "las películas más cursis, una melaza pegajosa" y después terminan como el personaje de *Lolita*. La hermana, que era maestra, trató de tranquilizarla. La vida no es una novela y, además, todos los chicos son iguales. En la escuela no hay cuaderno, ni libro, ni carpeta, ni sobre para guardar papel glacé, ni caja de útiles, ni mochila, ni invitación de cumpleaños que se salve de su osito y de su nena con vestido victoriano, capota y botitas, delantalito y lacitos, rulitos y moñitos, florcita y regaderita. Todo en colores bien pastel: celestito, verdecito, azulcito, amarillito, marroncito y rosa. La profesora de dibujo, de vez en cuando, protesta un poco, pero los chicos insisten con sus ositos, sus tortuguitas y sus nenitas. Eso es preferible, agregó la hermana, a la onda de los monstruos prehistóricos, donde la resina, el chicle, el caramelo, la gelatina envasada, el chocolate blanco y los masticables vienen con forma de cleptosaurio. Los kioscos parecen un set de efectos especiales para *Jurassic Park*. O la onda Xuxa, donde el ideal de belleza corresponde al uniforme de los granaderos. O la onda ecológica kitsch, cuando los chicos se ponen a defender los cascarudos, las hormiguitas de la plaza o los mosquitos del Tigre con la idea de que están salvando el planeta para recibirlo entero cuando crezcan. O la onda vegetariana, que obliga a cocinar dos comidas todas las noches. O la onda vedette de televisión, cuando todas las chicas mueven el trasero como si se entrenaran para bailar en el Follies. O la erudición en todas las marcas de zapatillas, sin las cuales no se puede ni saltar a la cuerda en el patio de una escuela primaria. O la onda psicológica que enseña que los padres tienen que hablar todo con los hijos pero ponerles límites; contarles lo del sexo, pero no convertirse en amigotes; mostrarles el cuerpo, pero no provocar sus fantasías; razonar hasta las menores ocurrencias y lograr, al fin, imponer una autoridad firme pero no rígida.

¿Y quién no se acuerda de la moda de los chupetes colgantes? Había nenas con escoliosis porque llevaban collares de medio kilo y nenes que se atravesaban las orejas con alfileres de gancho de donde colgaban dos chupetes de colores diferentes. Por ese lado, sí que podían terminar como Lolita.

Carteles y afiches

El valor, el oro, el ojo, el sol, son arrastrados por el mismo movimiento. Su intercambio domina el campo de la retórica y de la filosofía.

JACQUES DERRIDA

Una luz ilumina, como si fueran de oro, las mercancías más banales o más cotidianas que se atropellan, se superponen, se anulan o se duplican. Esto sucede todo el tiempo y en todas partes de una manera intensa e incesante: por eso el intercambio "domina el campo de la retórica y de la filosofía".

La retórica del mercado de valores, vigilado por el ojo diestro en el intercambio material y simbólico, se ha convertido también en el gran diseñador del lugar donde vivimos. Podemos distraernos casi todo el tiempo de lo que sucede en la ciudad, porque la ciudad misma nos ofrece el motivo de esas distracciones: un sistema de transporte arbitrario y caótico, una red de servicios insuficiente, una agresividad alimentada por las dificultades para desplazarse, por la pobreza que parece siempre inoportuna y fuera de lugar, por la prepotencia de habitantes que se sienten desprotegidos en un espacio con pocas leyes claras. Todo eso nos distrae de la ciudad. Sin embargo, una mañana salimos con la disponibilidad de ver lo que nos rodea y entonces vemos "la retórica y la filosofía" del intercambio: Buenos Aires es un gigantesco mostrador cuyos telones máximos y mínimos son carteles publicitarios.

De todas dimensiones: los señaladores de calles en las esquinas, los tabiques de los refugios, las marquesinas, los carteles murales, los pasacalles, las paredes, las medianeras en altura, los postes de colectivos, los molinetes y los anuncios en las veredas, los baldíos, las plazas, las armazones de tubos en los espacios verdes y en los bordes de las veredas sobre la calle, los frentes de edificio y sus primeros pisos, las ventanas y las puertas. Prácticamente no hay un sólo lugar en el cual el mercado no haya plantado su retórica: en Buenos Aires, el discurso publicitario es abigarrado, pertinaz e ininterrumpido.

No se puede hablar ya de "contaminación visual" porque ese giro es demasiado débil para captar la naturaleza del fenómeno que se expande no sólo en el Once o en Munro, donde se inventaron la mayoría de los carteles en esos materiales concebidos para envejecer de inmediato y, al mismo tiempo, quedarse para siempre. De ningún modo: Cabildo, en Belgrano, Rivadavia, en Caballito, hoy son como el Once y como Munro. Esta "retórica y filosofía" tiene la perversión plebeya de afectar también los barrios de capas medias y los reductos distinguidos (Alto Palermo ha tenido la discutible virtud de convertir en un shopping gigantesco a toda la zona de ciudad que lo rodea). En este sentido, el mercado tiene una estrategia igualadora y, aunque sean diferentes, Pompeya está tan llena de carteles como Barrancas de Belgrano.

En alguna esquina comienza el reciclaje de una vieja casa de primer piso y azotea, típico producto de los constructores italianos de las primeras décadas de este siglo. La obra avanza revelando un edificio que tenía cierta dignidad pesada pero no presuntuosa, en el remate del primer piso sobre la esquina, en la proporción de las ventanas y de las puertas, en los pilarcitos graciosos que terminaban la azotea y los mínimos detalles que encuadraban las aberturas principales. Nada del otro mundo, pero, bien considerado, una casa que no cometía los errores del exceso, ni del entusiasmo decorativo.

De pronto, una mañana se instala, a la altura del primer piso, una marquesina que toma todo el frente, una marquesina descomunal, cuyo ancho es prácticamente el de la vereda, construida con paneles de latón y láminas de plástico. A la mañana siguiente, la casa reciclada ya ha desaparecido debajo de las publicidades: en un día y una noche, la "retórica y la filosofía" del mercado instalaron un escenario nuevo sobre el discreto escenario anterior, cuya restauración había tenido el mérito de hacer provisoriamente visible. Debajo y sobre la marquesina, las letras y los íconos de la publicidad dan comienzo a una nueva lección de pedagogía de mercado. Aplastada por la marquesina, la vieja casa (que, como se dijo, tampoco era excepcionalmente valiosa, pero sí dignamente contenida) ha vuelto a desaparecer, raptada por los cartelones de letras y números, las reproducciones gigantescas de sándwiches, helados y vasos de papel, los planos de colores cuyo significado es una marca de mercancías.

Esa abundancia de retórica visual publicitaria hace de la ciudad un espacio donde íconos y emblemas son el producto de una decisión tomada por aquellos a quienes la ciudad importa poco excepto como soporte de las lecciones de "la retórica y la filosofía del intercambio". Las imágenes del escenario urbano repiten el imaginario del mercado y el mercado es, prácticamente, el único que tiene la potencia salvaje para decidir cómo debe verse lo que la ciudad muestra. La pedagogía publicitaria (habitualmente defendida por los publicitarios y sus asesores académicos como una forma de construcción de la realidad en que vivimos) es más fuerte que cualquier otra imagen y cualquier otra fantasía de ciudad.

La esquina, cuyos cambios seguí en suspenso durante algunos semanas, ya no es una esquina deteriorada de Buenos Aires. Por pocos días fue una esquina vieja reciclada, pero concluido ese lapso, pasó a ser un lugar universal, que puede ubicarse bien en cualquier parte porque ya no significa nada. Mejor dicho significa una "retórica y una filosofía universal de intercambio" traducida en términos de imagen urbana.

Cultura fast y lentitud

Los dioses me ayudaron; me llevaron a una cueva, me arrojaron a sus profundidades y me hundieron en un largo sueño. En épocas afiebradas, los dioses nos invitan al sueño.

GOETHE

¿Vivimos en una época afiebrada? ¿El sueño es una ayuda de los dioses? La respuesta es difícil y probablemente no haya una respuesta única.

En *El padrino*, primera parte, hay una escena que me gusta mucho: en pleno invierno, hacia fin de año, don Corleone camina entre los puestos de fruta alineados a lo largo de una calle de Little Italy, en Nueva York. Es de noche, las luces son bajas, ha nevado. Corleone se detiene frente a un puesto sobre cuyas tablas se apilan naranjas, manzanas, peras relucientes. Va eligiendo la fruta muy despacio, sopesando cada una de las piezas, adaptando la palma de su mano a los contornos redondeados, lisos o rugosos; se las acerca a la cara para oler el perfume cuya presencia garantiza la frescura y la madurez. Compra una media docena, que el vendedor le entrega en una bolsa crujiente de papel madera. Corleone ha elegido cada una de las seis o siete peras y manzanas; ha mantenido, por algunos instantes, una relación intensa con esa media docena de frutas que recibieron, de parte de Corleone, una atención minuciosa e individualizada. Esas frutas son un regalo que Corleone lleva a su casa. El es un millonario y un mafioso de Nueva York, pero le quedan todavía los reflejos y los gustos del campesino siciliano que, de chico, supo diferenciar la madurez y la calidad de una fruta con una mirada, con el roce de la punta de los dedos, o con la aspiración leve del perfume en las huertas. También conserva del muchacho campesino la idea de que la fruta es un agregado lujoso a la comida de todos los días: por eso, se puede regalar fruta como se regalan flores o chocolates. Cada una de las piezas de ese regalo (cada una de las frutas de esa media docena que termina en la bolsa de papel madera) merece toda la atención del conocedor. La elección, por lo tanto, es lenta.

Esta escena de *El padrino* (que transcurre a fines de los años cuarenta, más o menos) habla de un tipo de temporalidad que permite establecer una relación intensa e individualizada con las cosas. Incluso los objetos más efímeros, aquellos que el uso apropiado destina a la desaparición como sucede en el caso de la comida, son elaborados o seleccionados con detenimiento. Diferenciar las cualidades casi imperceptibles de unas pocas frutas supone un conocimiento de detalles mínimos pero significativos. Ese conocimiento se adquiere con el tiempo y, a su vez, necesita tiempo para desplegarse. Está en las antípodas del *fast food*. Aunque vive en una "época afiebrada" (minutos después don Corleone va a ser baleado por sus enemigos), los dioses le han otorgado ese remanso de sueño campesino, frente a los puestos que ofrecen frutas frescas en pleno invierno neoyorquino.

En otro film, *Los muertos* de John Huston, asistimos a una comida de fin de año. Alrededor de la mesa, la familia y sus amigos esperan con una urbanidad atenta que circulen los platos con pavo y salsa de arándanos. Cada una de las porciones que se sirven es comentada y agradecida; cada comensal recibe su tajada de pavo y su porción de salsa, servidas con elegancia sencilla y detenimiento. Ese banquete módico transcurre también en una "época afiebrada", porque se trata de Irlanda y el film ha mostrado que, incluso entre esos comensales, hay un debate sobre la independencia y la cultura del país. Pero el tiempo todavía corre lentamente, permitiendo que los comensales celebren la comida y que el hombre que trincha el pavo diga una palabra con cada porción que corta. Un ideal de urbanidad, ya viejo, sostiene la relación entre quienes rodean la mesa; ellos forman parte de un mundo condenado a desmoronarse pero todavía existente. El tiempo aún no ha dado su giro vertiginoso. Las cosas siguen siendo nítidas en su individualidad: tal parte del pavo, tal cucharada de salsa, tal canción que, luego, alguien cantará en la sala. La idea de una celebración *fast* no se le pasa por la cabeza a nadie: ni a las viejitas dueñas de casa, ni a la joven mujer que, como militante nacionalista de la causa irlandesa, plantea uno de los conflictos ideológicos del film. La "época afiebrada" todavía mantiene un control sobre la velocidad del tiempo. Huston, que era casi tan viejo como esa época, filmó la gracia de esos últimos momentos. *Los muertos* es su última película.

"En épocas afiebradas, los dioses nos invitan al sueño": ¿los dioses podrían salvarnos, a través del sueño, de un transcurrir insoportablemente veloz del tiempo, de una huida hacia adelante de las cosas? Difícilmente: no existen dioses tan poderosos. Nuestra cultura *fast* es toda la cultura que conocemos, toda la que es posible hoy. Frente a ella, el ritmo pausado de don Corleone eligiendo su fruta y el gracioso detenimiento con que se sirven los platos de una comida son sólo escenas que algunos films, o algunos libros, ofrecen como recuerdo y advertencia de que las cosas no son así y no volverán nunca a ser de ese modo. Frente a la cultura *fast* alguien puede sentir nostalgia de otra forma de vivir el tiempo, pero no puede hacer que la historia gire hacia atrás.

Hoy, los cumpleaños se celebran en MacDonald's, el setenta por ciento de las compras se hacen en supermercado, la vida útil de una heladera se estipula, desde fábrica, en diez años. La cultura *fast* es una cultura de comunicaciones totales e inmediatas: fax, modem, correo electrónico, televisión interactiva, diarios que se leen en no más de veinte minutos, teléfonos celulares. Lo *fast* no es simplemente una necesidad; se trata también de un programa y de una estética de lo cotidiano, en el que estamos todos y sobre el cual es imposible imaginar ningún retroceso.

En la puerta de un MacDonald's, quince chicos esperan para entrar al cumpleaños de uno de ellos. Algunas semanas después esos mismos quince irán al mismo lugar al cumpleaños de otro y de manera más o menos igual la cosa se repetirá a lo largo de doce meses. Comerán las mismas hamburguesas, que tienen la virtud de ser exactamente iguales, a diferencia de las viejas tortas de cumpleaños que podían ser más feas o más ricas. Todo va a transcurrir en dos horas, porque ese es el tiempo pactado entre MacDonald's y la familia del chico. Lo *fast* es serial: es una línea de producción de hamburguesas, salchichas, fiestas de cumpleaños o bicicletas. Lo *fast* es democrático porque es serial: todos somos iguales frente a una hamburguesa, todos sabemos mucho de hamburguesas y ello no crea diferencias. Sólo los muy pobres o los muy refinados caen fuera de lo *fast*. Y si nos cansamos de la velocidad de una época afiebrada, podremos soñar con la morosidad de los tiempos en que, como las cosas no eran seriadas, sólo algunos podían consumirlas.

Olvidadizos

Sólo pedimos un poco de orden para protegernos del caos. No hay nada más doloroso y angustiante, que un pensamiento que escapa de sí mismo, ideas que huyen y desaparecen apenas se las ha esbozado, roídas por el olvido o precipitándose hacia otras ideas que tampoco dominamos.

Gilles Deleuze y Félix Guattari

La posmodernidad algo sabe de estas cosas que no alcanzan a solidificarse y ya están a punto de desaparecer. Ciertamente, no vivimos agobiados por el peso de la historia: el tiempo transcurre veloz y leve devorando las novedades que trae y, a su vez, devorado por ellas.

En este clima no es sorprendente la pasión por el reciclaje: la novedad del pasado se alimenta del olvido. Todas las revistas de moda inauguran la primavera con tapas que anuncian la apoteosis de la minifalda y los pantalones anchísimos, una moda de sincera y confesada inspiración en los años sesenta. Lo "retro" es el último grito del verano. Pero, en esto, el verano que viene no se diferencia del anterior, ni del otro: hubo retro-romántico, retro-gótico, retro-afro, retro-punk, retro-rock; tuvimos un nuevo Woodstock, una gira mundial de Paul McCartney, el descubrimiento nada menos que de la música del blues y el revival del tango bailado (retro-retro-retro) y una victoriosa gira mundial de los Rolling. Hubo retro-mujer fatal, hasta la última transformación de

Madonna, que también cultivó el retro de los usos eróticos de las imágenes religiosas. Y la *New Age* es una especie de retro-hippie aceptable para la televisión, con dietas naturistas en vez de marihuana, macetas en el balcón en lugar de puestas de sol en las bahías de California o en el Bolsón, y campañas en defensa de las nutrias en lugar de denuncias al racismo. Un retro a la medida de Nacha Guevara, ella misma una especie de vuelta de tuerca del retro: de diva desenfadada a consejera sentimental de sus amigas electrónicas.

Verdaderamente, "no hay nada más doloroso y angustiante, que un pensamiento que escapa de sí mismo, ideas que huyen y desaparecen apenas se las ha esbozado, roídas por el olvido". La moda recicla el pasado: a través de ella, el pasado sigue huyendo cuando queremos aferrarlo. El estilo retro presenta al pasado como el último grito del presente, le quita su carácter de algo que fue definitivamente en el tiempo y, de algún modo, eso tranquiliza: la nostalgia tiene su marketing y el pasado puede volver sin que su reactualización nos amenace. En lo retro, el pasado se ablanda, porque aparece recortado en pedacitos, armado de nuevo: ¿qué importa una minifalda brevísima después del top-less? ¿Quién se va a preocupar por los suplementos vitamínicos que toman los que ya cumplieron cuarenta años y han decidido que esos suplementos son más saludables que la marihuana o el whisky? ¿A quién escandalizan los crucifijos que se cuelga Madonna, excepto a la sensibilidad insomne de un obispo demasiado reaccionario? Por otra parte, junto a las cruces de

Madonna, que a algunos les parecen una blasfemia, se abren de par en par las puertas de un bazar de nuevas confesiones.

La estética de la vida posmoderna está basada en la desaparición más que en la invención. Precisamente, la modernidad tenía en su centro la invención de lo nuevo. La posmodernidad no tiene centro. Fluye y transporta todo en su corriente: el pasado y el futuro se entrelazan cómodamente, porque el pasado ha perdido su densidad y el futuro ha perdido su certidumbre. Salvo los futurólogos que creen saber bien qué nos espera en diez años (más computadoras interactivas, más pantallas de televisión donde podrá aprenderse todo, más realidad virtual), la gente puede imaginar cada vez menos qué le espera en el futuro: basta escuchar a los chicos del secundario, cuyo escepticismo sobre el futuro no sólo tiene como causa la liberación de ideologías rígidas sino también la inseguridad en la que viven.

Todo combina con todo a condición de que todo cambie a máxima velocidad: nos precipitamos de "unas ideas roídas por el olvido a otras que tampoco dominamos". La moda retro es, apenas, la cara estética de una atmósfera gaseosa que es, al mismo tiempo, extremadamente volátil. Vivimos sobre un depósito de gas comprimido, no porque necesariamente vayan a producirse "estallidos sociales", sino porque ya la sociedad ha comenzado a estallar en sus puntos débiles e inorgánicos. La exaltación de la velocidad, de la que la época moderna hizo una verdadera religión cívica, ha dejado todos los problemas abiertos.

Por otra parte, cuando se pierde una relación

significativa y densa con el pasado y se lo convierte en un depósito de divertidos reciclajes, el pasado toma su venganza. No es demasiado importante que la moda sea retro, en la medida en que el estilo retro no se convierta en el espíritu de la época. Hace algún tiempo, Carlos Menem hizo el más ampuloso gesto retro: si persisten las manifestaciones de jóvenes en la plaza pública, dijo, volverán las Madres de Plaza de Mayo. La amenaza de un reciclaje de la violencia sonó de modo tan repugnante como increíble. Sin embargo, la frase fue pronunciada y pasó, pese al repudio general, como pasaron otras frases.

La moda retro no tiene nada que ver con la frase de Menem y pensar lo contrario sería sencillamente absurdo. Sin embargo, convertir al pasado en algo insustancial es arriesgado, salvo en el rubro de las minifaldas o los pantalones anchos. "Sólo pedimos un poco de orden para protegernos del caos": no se trata del orden impuesto por la fuerza, ni del orden de las grandes ideologías, de la moral tradicional, ni de las versiones fijas de la historia. Se trata, en cambio, de restablecer lazos con el pasado que no sean simplemente anecdóticos ni pintorescos, como las evocaciones que los programas de televisión hacen de la década del veinte o de los años sesenta.

Una relación "retro" con el pasado recorta sus sentidos: las minifaldas ya no hablan de la liberación sexual de los años sesenta; los aritos decorativos ya no evocan los alfileres que, con un gesto de insultante desafío, los punk clavaban en sus orejas y narices; el ecologismo blando ha olvidado un pasado de reivindicaciones libertarias de la naturaleza y del cuerpo; la *New Age* no recuerda las épocas donde el programa de expansión de los sentidos pasaba por experimentaciones físicas, psicológicas y morales que tocaron todos los límites. Estos olvidos borran algunas páginas realmente movidas, heroicas o sectarias o radicalmente erradas del pasado: no importa cómo se juzgue esas páginas, están allí no sólo para que el estilo "retro" encuentre sus materiales.

Es imposible colgar de cada minifalda un cartel que diga: "Inventada por Mary Quant al mismo tiempo que los Beatles inventaban *Let it be*". Pero quizá valga la pena recomponer algunas historias para que todas las ideas no desaparezcan roídas por el olvido.

Infinito e inmediato

El juego es un cuerpo a cuerpo con el destino... Jugamos por dinero, es decir por la posibilidad inmediata e infinita.

ANATOLE FRANCE

El juego muestra una cualidad intrigante del dinero: la atracción por perderlo, por alcanzar el cero y tocar, a través del cero, un límite. Todo jugador sabe esto. Juan José Saer lo ha mostrado como nadie: su novela *Cicatrices* presenta la implacable razón del punto y banca, donde el dinero y el azar empiezan y terminan en el cero.

El dinero es la "posibilidad inmediata e infinita": los dos adjetivos parecen contradecirse y, sin embargo, creo que están bien en su lugar. El dinero es posibilidad inmediata porque traduce, casi universalmente, todas las cosas a una cifra. Cualquiera que ha comprado algo en un país extranjero, cuya lengua desconoce completamente, sabe que comprar es fácil: los números escritos se usan en casi todo el mundo; también casi todo el mundo sabe representar esos números con los dedos; millones emiten el sonido de esos números en inglés, un idioma apropiado para los mercados y las compraventas. Basta apuntar un cacharro de cerámica o una bufanda de cachemira y mirar a su vendedor o consultar la etiqueta, según los casos. La rapidez con que se establece la relación entre el objeto y su precio en dinero nos habla de lo inmediato de una mediación. Cuando se lo posee, el dinero es paradójicamente un medio inmediato: lengua numérica que casi todos entienden, es veloz y familiar. Pone el mundo a los pies del que lo posee; expulsa del mundo a quienes no son sus dueños.

Sin dinero, las transacciones serían complicadísimas porque en cada caso deberíamos establecer, por ejemplo, si una hora de consulta médica equivale a dos pares de zapatos o a una comida en un restaurant de segunda categoría o a dos horas de trabajo periodístico o cinco de trabajo doméstico. En cambio, si hablamos la lengua del dinero, esas comparaciones enojosas y probablemente conflictivas se desvanecen o sólo son evocadas por quienes, precisamente, carecen de dinero y piensan que sus horas de trabajo médico, periodístico, artesanal o doméstico no valen para adquirir lo que necesitan de manera inmediata. En un lugar que nunca vemos y al que no accedemos nunca, un destino que se llama "mercado" ha establecido los precios en dinero.

En otras sociedades, los intercambios pueden ser realizados según las reglas del dinero pero también según otras reglas: cuenta un antropólogo que el tejedor de un pueblo africano teje su tapiz reflexionando sobre varias posibilidades: si el resultado no es muy bueno, lo venderá en una aldea vecina; si es bueno, se quedará con el tapiz; si resulta verdaderamente extraordinario se lo regalará a su suegra. Para este artesano, el dinero es sólo una de las posibilidades inmediatas: también están los dones y su propio placer.

Para nosotros, en cambio, los dones (los regalos) y el placer tienen una relación íntima con el dinero. De papel o de plástico, el dinero es claramente nuestra posibilidad inmediata. Como en el juego, el dinero nos hace perdedores o ganadores y de ese estado, en las sociedades capitalistas, sólo nos saca el dinero mismo. Por eso imaginamos el golpe de suerte, esa fantasía que Roberto Arlt atribuyó a muchos de sus personajes: el batacazo es un giro vertiginoso de la fortuna que, en el cuerpo a cuerpo con el destino, coloca a alguien en la cumbre de una montaña de dinero. En la imaginación popular donde circulaba esa palabra, el batacazo les daba a los hombres plata, fama, mujeres y poder, es decir todo aquello que garantiza un placer inmediato. Hoy, se puede "pegar el batacazo" en dos lugares privilegiados: la televisión o la política, que funcionan con reglas cada vez más próximas.

La ideología del batacazo está unida al dinero de manera inseparable: la fama sin dinero no es batacazo sino prestigio; el poder sin dinero obliga a un ideal moral del ejercicio del poder, menos atractivo, menos veloz y menos brillante; las mujeres sin dinero, reclaman amor y otros sentimientos complicados. Por eso, el batacazo, además de fama, poder y mujeres, tiene que proporcionar, en primer lugar, dinero.

Hoy las revistas del corazón (en realidad ¿de qué corazón hablan estas revistas?) son las encargadas de poner en escena el batacazo: un salón amueblado por decoradores, lleno de espejos, tapices y molduras doradas, donde se fotografían hombres y mujeres que, vestidos como Donald e

Ivanna Trump, muestran, en las páginas siguientes, baños y dormitorios surgidos del delirio de personas que parecen haber sufrido en una vida anterior el hacinamiento y la falta de agua. El dinero compra dormitorios inmensos y baños en suite: ése es el infinito inmediato de las stars y sus decoradores (que, dicho sea de paso, son tal para cual). El dinero compra así los decorados que Hollywood muestra en sus films como fondo de los gangsters del narcotráfico. Este dinero inmediato viene pegado a las cosas que rodean a Al Pacino en *Scarface*. Estilísticamente, los millonarios y las estrellas de las revistas del corazón tienen la misma relación con el dinero.

Pero la cita del epígrafe no se refiere a este infinito banal de espejos, laca y mal gusto, sino a otro infinito más insondable, donde el dinero tiene una cualidad metafísica. Como el dinero se mide por números (diez, treinta, doscientos mil, cinco billones), su cantidad es potencialmente infinita: por lo menos para la imaginación (aunque ella no incluya a los economistas que hacen otras cuentas), no hay límites para la suma del dinero, como no tiene límite la serie de los números. Se puede acumular hasta el infinito o perder hasta fondear en el cero más absoluto. Los objetos dejan rastros, pueden recordarse, envejecen, se rompen; en cambio el dinero, como cantidad o como ausencia, es siempre abstracto. Nadie recordará el número estampado en un billete, nadie tiene una historia con un billete en particular, excepto que ese billete sea el que Marlowe conserva hasta el final en *El largo adiós*. Al hacerlo, Marlowe sustrae a ese billete de la circulación, lo convierte en algo que ya no es dinero. Pero, en general, cuando se está frente a un billete de cinco mil dólares como está Marlowe en *El largo adiós*, nadie piensa en ese billete en particular sino en su valor.

Como ninguna otra ocupación, el juego exhibe esta calidad infinita del dinero, porque en el juego el dinero se une a eso otro, también infinito y periódico, que es el azar. En el juego, el dinero nunca es usado de manera banal. Su infernal despilfarro lo separa de la economía y de la vida cotidiana, restaurando su infinitud demoníaca.

II
Del otro lado

El gusto de los gustos

No quiero estirar la pata,
ni quiero yo reventar,
antes de haber probado
el sabor que me tortura
el gusto de los gustos.
No quiero estirar la pata
antes de haber probado
el sabor de la muerte.

BORIS VIAN

La muerte está un poco por todas partes. En la pantalla de mi televisor, por ejemplo, hay una variedad de cadáveres en situaciones levemente diferentes, sobre escenarios nocturnos de calles, llanuras bajo el sol, aeropuertos, bancos de cristales relucientes, selvas tropicales, desiertos. Las formas de la muerte son mostradas con preciosismo detallista como si cada fragmento pudiera resumir el "gusto de los gustos" y hacerme sentir, por anticipado, "el sabor de la muerte". Hay imágenes verdaderas e imágenes actuadas por actores y puestas en escena por directores: unas copian a las otras, de modo que el realismo de lo que veo hace imposible discernir las verdaderas muertes de las muertes simuladas para la cámara de cine: el arte imita a la naturaleza y, después de un tiempo, la naturaleza imita al arte. Capturada en este círculo de imitaciones fieles, recuerdo el poema de Boris Vian que habla del "gusto de la muerte".

Sobre el pavimento de una calle de barrio está

el cuerpo de un oficial de policía, boca abajo, con los dos brazos estirados y un revólver en la mano derecha. Del costado, precisamente de las costillas, a la altura de los pulmones, se expande una mancha de sangre que ensucia la camisa celeste y el asfalto; dos hombres se acercan corriendo, levantan el cuerpo, lo ponen sobre una camilla, lo cubren y lo arrastran hasta una combi. La muerte aparece y desaparece, así, en cuestión de segundos; sobre el pavimento, sólo la oscura mancha de sangre me permite creer que no vi visiones. El muerto se desvaneció tan rápidamente como su propia muerte.

La imagen siguiente es más barroca: por un desierto de arena caminan decenas de fantasmas cubiertos con harapos del color de la arena; de vez en cuando, alguno cae. Se trata de una mujer con un chico en brazos, de un viejo completamente arrugado, con su cara de momia y los huesos perforando la piel fina y tensa de los pómulos. La mujer, el chico o el viejo caen, literalmente, muertos, uno sobre otro; agitan un poco los brazos, abren los labios, estiran una mano y, sin más, revientan de hambre, de cansancio y de sed. Los muertos anónimos de las hambrunas africanas se desmoronan mientras caminan, lejos de sus aldeas, destruidas las comunidades que podían dar a la muerte algún sentido: amenaza, salvación, reintegración, continuidad, abismo o ascenso. Mueren sin ceremonias; simplemente, caen porque las piernas ya no dan más, la sangre no llega al corazón, las vísceras se les han pulverizado; los cuerpos se quiebran como si hubieran estado muertos desde hace muchos años y los niños parecen muertos tan viejos como los viejos en cuyos brazos quedan enredados. Ninguno de ellos tuvo tiempo para probar el gusto de la muerte o, en todo caso, la muerte ya había arrasado, desde el principio, con el gusto de la vida.

La siguiente imagen me llega desde la página central de un diario. No se trata de la fotografía de un cuerpo verdadero, sino de la reconstrucción del crimen cometido hace algún tiempo. Sobre un rectángulo blanco se han trazado con líneas de puntos los contornos del cuerpo; en el rectángulo siguiente, una funcionaria policial, vestida de uniforme, aparece tirada en el piso, imitando la posición del cuerpo de mujer dibujado antes. No hay sangre, ni el "gusto de la muerte" puede olerse por ninguna parte. Los epígrafes explican las condiciones y establecen las hipótesis del crimen: la muerte ha pasado a ser una circunstancia judicial y los hechos que la precedieron se han convertido en los datos con que el juez va a dictar sentencia. En una esquina de la foto, un hombre, alto pero encogido de hombros y doblado en la cintura, oculta la cara entre las manos, indicándome que él es, probablemente, el asesino. Mientras termino de leer la noticia redactada en un estilo "mixto", ni totalmente policial-burocrático ni totalmente periodístico-sensacionalista, oigo gritos.

A quince metros de mi ventana, a la altura del cuarto piso en el edificio de al lado, un hombre aferra la mano de una mujer y la sacude mientras le golpea la cabeza; después de algunos forcejeos, la mano de la mujer deja caer el cuchillo. Aunque el hombre se mueve velozmente mientras arrastra a la mujer de los pelos, puedo ver que tiene una herida en el costado izquierdo del cuello, un corte que no parece muy profundo pero del que sale sangre. Los vecinos rodean, casi en semicírculo, a la pareja; un chico corre, agarra el cuchillo y se esconde detrás de la cortina de una de las puertas del pasillo al que dan las habitaciones. Luego, el hombre cambia de posición: con una mano apresa las de la mujer; con la otra la agarra de los pelos y le sacude la cabeza como si la estuviera por descoyuntar; al mismo tiempo, los dos pies del hombre dan pasitos cortos, pateando a la mujer en la entrepierna. Van desapareciendo detrás de otra cortina y, cuando ya casi no se ve nada de ellos, los gritos se hacen cada vez más fuertes: la mujer aúlla y el hombre le promete la muerte porque (dice) ella es una hija de puta mentirosa. Por el pasillo entran un oficial y dos policías; apartan la cortina, se meten en la pieza y sacan al hombre a empujones. En pocos segundos, el hombre desaparece seguido por uno de los policías. La mujer les muestra a los otros dos las marcas de los golpes; los policías la miran un poco escépticos, mientras ella pasea frente a la puerta, muy nerviosa, y grita que ella no lo quería matar, que era él, precisamente, quien la quería matar a ella. Los vecinos, como un coro, se ubican a ambos lados de la escena donde, durante algunos minutos, se olió el olor de la muerte.

Salgo y voy caminando hasta un cine donde proyectan un policial de Kurosawa. Más o menos por la mitad de la película, un chico descubre dos cuerpos que yacen, boca abajo, sobre unas esteras; los ve a través de cortinas transparentes que apenas se agitan. Dos hombres llegan adonde está el chico, que les indica los cuerpos y les dice: "Están dormidos". Uno de los hombres se lleva al chico; el otro aparta las cortinas y comprueba que nadie duerme sobre las esteras. Los cuerpos son cadáveres. Parece increíble, pero el "gusto de la muerte" era más fuerte en esas imágenes de un crimen cinematográfico que en todo lo que había visto ese día.

Los ocupantes de la noche

Nunca dormí en la calle. Los que, por pobreza o por vicio, viven en la ciudad como si fuera un paisaje por el que derivan desde el anochecer a la salida del sol, únicamente ellos conocen la ciudad de un modo que me está vedado.

WALTER BENJAMIN

A dos cuadras del obelisco, sobre una calle que cruza Corrientes, todas las noches, en el mismo zaguán de un edificio abandonado, dos hombres toman de una botella de cerveza. Todas las noches, también, compran unos sándwiches y comen allí, sobre diarios viejos con los que cubren el mármol usado del umbral. Son borrachos cotidianos, mansos y conocidos en los negocios del barrio. Visten overoles mugrientos, tricotas de cuello alto y zapatillas.

De día desaparecen. De día, ese umbral es de la vendedora de verduras, que apila geométricamente los tomates, con el orden estético que aprendió en los mercados de La Paz o de Oruro. La verdulera se expande más que los borrachos. Mientras que éstos apenas si se sientan sobre el mármol a beber y comer sus sándwiches, y luego a dormir hasta el día siguiente, la verdulera amplía su negocio semana a semana. Cuando se va, al anochecer, el marido la espera con una carretilla donde se llevan los pocos cajones de madera y los restos no vendidos de la jornada. Poco después llegan los borrachos, que, aunque menos visibles, parecen mucho más propietarios del lugar. Ellos no se expanden porque no tienen nada que extender más allá del mármol de la puerta; ni siquiera he visto, durante todo el invierno, que tuvieran alguna frazada.

Conocen una noche que nos es completamente misteriosa a quienes trasnochamos porque, simplemente, a esas horas todavía estamos saliendo del restaurante o dando la última vuelta por el centro. "Unicamente ellos conocen la ciudad de un modo que me está vedado": son expertos en las minucias de esa cuadra, saben cuáles son los zaguanes por los que entra y sale gente, cuyas puertas no pueden ocuparse para pasar la noche. Saben que el kiosco, a pocos metros, les venderá la cerveza y no tendrá interés en molestarlos. Se las han ingeniado para conseguir algún dinero para esos tragos nocturnos y, además, nunca piden ese dinero allí porque han aprendido que esa puerta es su lugar para tomar, comer y dormir, no su lugar para conseguir dinero, ni para pedirlo a los que pasan. Jamás hablan con nadie de esa cuadra. Son sus inquilinos nocturnos: nadie los desea, nadie los echa, probablemente muchos han dejado de observarlos porque, por otra parte, no tienen nada particularmente observable, excepto la distensión con la que han ocupado un espacio nocturno en la ciudad.

A doscientos metros, sobre la calle principal, en lo que fue el hall de un cine abandonado, otros ocupantes también toman su cerveza y, de madrugada, comen porciones de pizza fría o empanadas. Pero, a diferencia de los dos amigos de la calle lateral, acá cada noche trae una marea distinta. En ocasiones, una mujer casi vieja con dos chicos se sienta allí, contra las vidrieras sucias del cine, como si ése no fuera su lugar. En la vereda del cine hay más basura, y ninguno de los que pasa una noche tomando su cerveza ocupa el lugar como si fuera un inquilino.

Cien metros más adelante, está la entrada del subterráneo. En el hall de abajo, también hay ocupantes nocturnos que se quedan allí hasta bien entrada la mañana siguiente. Durante varias semanas, una chica rubia, jovencísima, con la ropa que seguramente tenía puesta cuando dejó su casa pequeñoburguesa para iniciar la "deriva por el paisaje", se paró en el medio del túnel que lleva a las boleterías: extraviada, descolocada en esa ciudad nocturna que para ella todavía no era un lugar familiar. Esta chica mostraba que era nueva en la noche. Se movía sin ninguna naturalidad, no se sentía inquilina ni ocupante de esos metros cuadrados que, de todas formas, obstruía con su cuerpo. Después de un tiempo, desapareció o se la llevaron.

A ese mismo túnel de entrada, llegó hace muy poco una pareja de músicos, un muchacho, con su guitarra, y una chica que toca la flauta dulce. Ellos, aunque parecen tan ajenos al paisaje de la deriva nocturna como la anterior ocupante, ellos, sin embargo, han establecido con firmeza un territorio desde el cual dominan todo el túnel. Pero, como los borrachos de la calle lateral, no están, por ahora, pidiendo nada. Sin embargo, un sombrero en el piso anuncia que ésa será probablemente la actividad futura. Por ahora ensayan (varias noches los he visto) algunas cosas sencillas: "Tocá fa sostenido", le dice él a la chica.

En la otra punta del hall viven, de noche, dos chicos de unos doce años. El lugar que ocupan es, probablemente, el mejor de la estación. Está separado de las ráfagas que se cuelan desde la calle por un negocio, que deja libres unos dos metros cuadrados entre su última pared de vidrio y la pared del hall. En este recoveco, los dos chicos arman una cama casi completa, con frazadas, mantas, bolsas llenas de cosas, donde apoyan la cabeza. A veces, a las diez de la noche están adentro, preparándose. Pero otras veces pasan toda la noche afuera, entran recién a la madrugada y duermen hasta bien avanzada la mañana. Duermen profundamente, porque el recoveco es profundo y oscuro, la gente describe una leve curva discreta al pasar cerca de sus cuerpos, y el negocio que ofrece la segunda pared no abre hasta bastante tarde. Cuando preparan sus camas o cuando enrollan las mantas para guardarlas hasta la noche, los dos chicos se mueven con la naturalidad de quien sabe que su territorio será respetado. Y son efectivamente respetados por aislamiento: la gente que va y viene a toda velocidad se esfuerza por no mirarlos. Nadie quiere complicarse en la observación de dos chicos descansando en un dormitorio público.

Un saber de la ciudad y de cómo se sobrevive en la ciudad es necesario para derivar por ella. Hay que manejar un mapa de "deriva por el paisaje" y conocer la ciudad de un modo en que jamás la conoceremos si no dormimos en sus cailes. ¿Cuántos son, en estas calles del centro, en los túneles de todos los subterráneos, en Retiro, en las explanadas y los puentes bajo las autopistas, cuántos son estos ocupantes de la noche? ¿Qué saben de Buenos Aires? ¿Qué dicen de Buenos Aires con sus cuerpos ocupadores, sus cuerpos inquilinos, sus cuerpos que a veces parecen invisibles, como si fueran fardos, o bolsas, o montones de basura?

Casi como animales

Lo que está sucediendo causa miedo y no tanto por los horrores sino por la completa seguridad con que se ha roto el contrato secreto que existió entre la gente. La impresión es más o menos como si alguien, en una habitación, levantara la voz para decir: Ya que somos casi como animales...

ERNST JÜNGER

En efecto: todos los días nos dejan entre las manos dos o tres estampitas, señaladores, bandas para el pelo de todos colores, o cualquier otra bagatela. Una mujer muy joven pasea con su bebé de una punta a la otra del vagón de subterráneo, recogiendo, como una autómata, la estampita o algunas monedas. Dos chicos corren repartiendo y llevándose casi inmediatamente de vuelta, las laminitas ajadas de un horóscopo. Los bolivianos entran con su charango y pasan la gorra; también vi un par de brasileños que reventaban un colectivo 7 con una versión, en ritmo de samba, de "El día que me quieras".

En las confiterías del centro, sentimos alivio cuando los mozos echan, sin demasiada violencia, a los chicos de la calle. El otro día, uno de ellos se desplomó frente a la mesa de un restaurante; se resbaló, se cayó, arrastró el mantel y la panera de una mesa recién ocupada. Los paquetes de galletitas y los pancitos rodaron junto con los cubiertos y los vasos: una especie de escena de violencia en cámara lenta. El chico se quedó en el suelo algunos segundos, como si estuviera descansando. Su compañero le golpeaba suavemente el hombro con el pie, para ver si estaba desmayado, después bajó siguiendo el contorno del cuerpo, haciendo una especie de percusión en cada costilla. Los que recién habían ocupado la mesa ya estaban parados, con aire de vergüenza, mirando hacia abajo, los ojos fijos en el cuerpo del chico, que se desperezó, estiró los brazos y comenzó a levantarse mientras se tocaba la nuca. Se había caído, simplemente. No se había desmayado de hambre, como a muchos se les pasó por la cabeza. De todas formas, embolsó todos los pancitos que andaban por el suelo y le hizo señas a su compañero de que ya podían irse.

Al día siguiente, cuando abría la puerta de mi casa, un muchacho me pidió que no me asustara. Tenía un cuchillo bastante grande en la mano derecha y me lo apoyó, suavemente, sobre el estómago. En el breve diálogo que mantuvimos, me informó que la plata, que se iba a llevar de mi billetera algunos segundos después, era para su madre. Me pareció el gesto estético y mítico del robo. Después, creo recordar que hasta nos dijimos buenas noches. No hubo, salvo el cuchillo, ningún signo de violencia porque mi asaltante era particularmente gentil y comprendió de inmediato que no le servían los documentos que, junto con el dinero, estaban en mi billetera. Así me lo hizo saber, sin mover el cuchillo que presionaba sobre mi cuerpo.

Con una barreta, el chico destrozó la ventanilla izquierda del auto. Su dueño cruzó la calle a toda carrera, lo agarró del cogote y le empezó a pegar. El chico oscilaba como un resorte flojo, moviendo los brazos en molinete y tratando de tocar el piso con los pies. Buscaba, evidentemente, un apoyo en tierra para hacerse firme y zafar de la tenaza que lo sostenía por la nuca. De pronto, enroscó una pierna en el tobillo izquierdo del hombre, que, sorprendido, lo soltó. Varios miraban la escena, comentando el destrozo de la ventanilla y la oportunidad con la que el dueño del coche supo capturar al delincuente. Una señora contó que la semana anterior le habían robado el sueldo: así nomás, arrancándole la cartera con un tirón seco y preciso, desde una moto que apenas paró un poco arriba de la vereda. En la ocasión, dos policías, también en moto, revólver empuñado sin exagerar la pose, persiguieron con poco éxito a quienes se llevaban la cartera de la señora. Fue exactamente como en la televisión, pero con un desenlace más deshilachado. ¿Son éstos los nuevos o los viejos pobres? Dejo a los sociólogos la tarea de contestar esta pregunta. Lo que sé es que hemos perdido un sentido de sociedad y una idea de pertenencia.

"Lo que está sucediendo causa miedo y no tanto por los horrores sino por la completa seguridad con que se ha roto el contrato secreto que existió entre la gente." Ese "contrato secreto" (del que tantas veces se ocupó la filosofía política) no se percibe hasta que comienza a disolverse. Nadie quizás habría anticipado hace unos años que las leyes del mercado iban a ser las únicas que mantuvieran la comunicación entre los hombres. Por lo tanto, quien no puede acceder al mercado tampoco se siente ligado por nada a la sociedad, que se ha convertido en puro mercado.

Se lo repite con bastante frecuencia: las bases de nuestra relación con los otros están erosionadas y no hay creencias colectivas que nos comprometan como miembros de una comunidad más amplia que la de un grupo inmediato de pertenencia. Vivimos agrupados en pequeñas tribus, aceptando sus pequeñas lealtades y sus pequeños rituales. Los indígenas de estas tribus no se reconocen como parte de una nación más extensa. Si el nacionalismo tradicional fue un sentimiento problemático y, muchas veces, repudiable, el estallido actual tiene al fútbol o a la guerra como únicos referentes de totalidad.

Lo que parecía imposible, es hoy el perfil de la vida cotidiana: moverse en el espacio real cada vez con más sigilo aunque, encerrados en nuestras habitaciones, nos imaginamos ciudadanos libres de la libre Internet. El mundo aparece en las computadoras hogareñas, mientras que desaparece el mundo de las calles del centro. Somos habitantes imaginarios del planeta, mientras nos desplazamos mirando con temor a los habitantes reales de los hoteles-conventillo y de las ocupaciones que rodean incluso las casas donde está siempre encendido el ojo mundial de los 55 canales que vomita el cable. La sociedad corre un riesgo: el de desaparecer, trasmutada en microsociedades de gente muy parecida entre sí, y macrosociedades perforadas por el miedo, el desconocimiento y la ausencia de un sentido de pertenencia. La pérdida del "contrato secreto" no fue compensada por un nuevo contrato sino por la promesa de felicidad que muchos creyeron, algunos alcanzaron, y de la que hoy la mayoría desconfía.

Afuera de eso que llamamos Argentina, están el chico de la barreta, el que se cayó en el restaurant y la mujer de las estampitas. No hay ninguna razón por la que quieran o puedan sentirse parte de la sociedad. Ellos, de algún modo, nos temen. También nosotros les tenemos miedo.

Las dos naciones

*Vi por primera vez la vegetación bajo la luz de la luna.
Demasiado extraña y exótica. Su exotismo se revela
lentamente, a través del velo de las cosas familiares.
Entré en el monte. Por un instante sentí miedo
y tuve que controlarme.*
BRONISLAW MALINOWSKI

Malinowski escribió estas palabras en su diario, hace ochenta años. Había viajado a las islas Trobriand para encarar una de las investigaciones decisivas de la antropología moderna. Era un polaco que se sentía inglés por sus gustos y sus costumbres y europeo (es decir no-inglés) por su mentalidad. Mantuvo la distancia exacta con las culturas que estudió y también maldijo el momento en que decidió estudiarlas. La publicación de sus *Diarios*, hasta hace poco desconocidos, muestra cómo le hastiaba la vida en esas islas del Pacífico, la suciedad y lo que llamó (de modo bastante poco antropológico) la falta de civilización.

La mujer me cuenta que no puede salir los sábados y domingos. Todo lo que juntaron, desde que están casados ella y su marido, tiene que ser protegido durante los fines de semana: el televisor, el despertador eléctrico, el radiograbador, la multiprocesadora y la batería de cocina. De lunes a viernes, una vecinita les cuida el hijo y la casa: mejor dicho, se encierra bajo llave, prende el televisor a las siete de la mañana y espera que ellos regresen a las seis de la tarde. Entonces, la vecinita termina su trabajo de sereno diurno y la mujer con su marido comienzan a vivir y a preparar la casa para la noche. La vecinita no trabaja el fin de semana. La mujer y su marido, los sábados por la mañana, se turnan para hacer las compras, sacar el chico a la plaza y hacerse una corrida hasta la casa de la madre o la suegra. Al atardecer, cierran las puertas, trancan las ventanas y comienzan a cuidar la casa. El domingo, lo mismo. El lunes los releva la vecinita.

El fondo da a un baldío, separado por una pared cuyo perímetro está coronado de pedazos de vidrio. De todas formas, la pared fue saltada varias veces por gente que necesitaba cortar camino en una escapada o que, de paso por el fondo de la casa, se llevaba alguna remera que colgaba de la soga. En el fondo está la bomba y el motor de la bomba, debajo de una campana de hojalata, asegurada al piso por cadenas. Esa bomba es una preocupación permanente porque las cadenas pueden ser cortadas. Desde el baldío del fondo llegan ruidos de pajaritos, maullidos nocturnos, y olor a campo. No es un lugar exótico, simplemente es un espacio peligroso de noche.

Para el lado de la costa, hacia el este y el norte, a treinta cuadras de la casa, transcurre la autopista. A las seis de la tarde, los autos enfilan en caravana hacia los country-clubs; juntos se sienten más protegidos de la violencia o los asaltos. Cerca de los country-clubs hay villas miseria y barrios pobres, que la caravana de coches pasa de costado, casi sin tocar. Pero es imposible no verlos: chapas y cartones que parecen el material de un cuadro de Berni.

Los domingos a la mañana, la gente de los country-clubs hace excursiones hasta el supermercado más próximo. También pueden comprar, al costado de la autopista mandarinas y barriletes que venden los adolescentes de las villas. Entre el country-club y el supermercado se extiende un paisaje cuya mezcla es distraídamente exótica: hace acordar a fotos de ciudad de México o de Lima. A varias cuadras de la autopista, se ven los techos de tejas de las casas del country-club; más cerca, montecitos de eucaliptus; sobre la ruta, chicos mal vestidos que agitan ramos de flores o cajitas de frutillas; en la ruta finalmente, construcciones de chapa, parrillas envueltas en humo, y autos con vidrios polarizados que pasan hacia el supermercado o llevan a sus dueños a visitar amigos.

A la noche, bajo la luz de la luna, el paisaje es extraño. El exotismo del paisaje "se revela lentamente" a medida que los sonidos se van mezclando: gritos de pájaros, el frotar de las hojas en los montecitos de eucaliptus, música de bailanta que llega desde la villa, pasos en la grava al costado de la autopista, corridas, y el ronroneo de los motores cuando los autos disparan a más de cien. De vez en cuando, una ráfaga de rock o un tiro.

Se juntan de día las imágenes de dos naciones (las gentes de los techos de tejas y los de las casillas de chapa); de noche se mezclan, también, los sonidos de dos naciones, "bajo la vegetación y a la luz de la luna".

En el cruce de la autopista con alguna calle

importante del conurbano, los habitantes de ambas naciones hacen sus intercambios: las mujeres de las casillas se ofrecen para el trabajo doméstico o venden limones y plantas de albahaca; ellas y sus hombres también compran allí algunas cosas: artículos de ferretería, palanganas de plástico, medias y buzos. Debajo de la autopista, en las esquinas importantes, grandes corralones venden piletas de natación en material sintético: azules y gigantescas están apoyadas unas contra otras, al lado de parrillas de material, macetones de invernadero, sillas plegadizas y mesas con sombrilla. Todos los negocios tienen rejas de protección, perros de policía, alarmas, cajas fuertes empotradas en los muros. Los chicos de las mujeres que ofrecen su trabajo deambulan entre las paradas de colectivo o se estacionan en alguna gasolinera que no sea completamente enemiga; en otras gasolineras, están los adolescentes de los country-clubs que comen hamburguesas mientras relojean sus motos.

El paisaje es más o menos ordenado los domingos de mañana. De noche, las luces son sórdidas en las paradas de colectivos alrededor de las que dan vueltas adolescentes a la pesca, que miran pasar los autos. De madrugada, la desolación de la mezcla de luces y de un silencio a medias se expande sobre los restos de las dos naciones: un descapotable con el pasacasette a todo volumen, kiosqueros que llegan a recibir los diarios, algunos chicos entre latas de cerveza y unas cajas de pizza. El montecito de eucaliptus es un fondo negro semioculto por los volúmenes gigantescos de las piletas de natación varadas como ballenas en el patio de los corralones. La escenografía "demasiado extraña y exótica" se revela lentamente, a través del "velo de las cosas familiares".

Quizás lo más familiar sean los nombres pintados sobre las paredes de la autopista, en las bajadas hacia las avenidas: Duhalde, Pierri, Menem 99. Por alguna razón, la gente de las casillas y la del country-club les ha puesto un voto en los años que pasaron.

Los olvidados

¡Olvidado! ¡Palabra terrible! ¿Qué ser humano se atreve a condenar, incluso a los más criminales, a la peor de las muertes: la de ser olvidado para siempre?

JULES MICHELET

Hubo quien provocó el incendio de la más famosa biblioteca de su época para esquivar la ciénaga del olvido. Un poeta confió en que su obra sería un monumento más eterno que el bronce; otro, enamorado de una mujer que no lo amaba, profetizó que sus versos iban a ser mucho más resistentes que esa belleza que el tiempo iría moliendo hasta reducirla al polvo de la muerte; príncipes, cortesanos, cardenales, grandes burgueses, guerreros, tuvieron la esperanza de que un retrato genial les otorgara la eternidad que ni sus actos ni sus virtudes les aseguraban; muchos escribieron memorias, autobiografías, diarios íntimos que luego serían públicos, para presentarse ante el tribunal de la historia con alguna seguridad que dependiera no sólo del recuerdo de sus contemporáneos; todos los días, hombres y mujeres tienen la esperanza de que sony, kodak o fuji salven la peripecia privada de una marea inexorable que borra huellas incluso en el recuerdo que cultivamos sobre nosotros mismos; todas las casas de gobierno de todos los países del mundo tienen galerías de retratos presidenciales, a veces difícilmente reconocibles, otras veces marcados por la infamia; en el diván psicoanalítico, un paciente se retuerce tratando de alcanzar historias olvidadas o de inventarse un pasado desconocido cuya recuperación le donaría la felicidad del saber; los coleccionistas administran piadosamente el tiempo pasado, siguiendo el hilo de una serie de estampillas, de postales, de periódicos, de abanicos, de miniaturas, de bastones, de lapiceras, de antifaces, de porcelanas, de mates, de autógrafos, de discos de pasta, de afiches, de corsés o de lanzas; los rematadores de souvenirs saben que el valor de los objetos de una subasta se funda en el respeto inspirado por la historia; los falsificadores tienen el mismo conocimiento y por eso su arte consiste en imitar el desgaste que produce el tiempo: efectos cuarteados, amarillentos, raspados, mordisqueados, apolillados, carcomidos, astillados, quemados o desgarrados.

Los archivos y las bibliotecas guardan el mapa del tiempo pasado, inaccesible a veces, difícil de traducir siempre, enigmático precisamente porque el tiempo ha ido borrando la memoria de cómo se leía una carta de amor hace medio siglo, cómo se escuchaba un discurso en la tribuna o el púlpito hace cien años, cómo se valoraban las disposiciones de un testamento, qué significaban de verdad los objetos de un inventario, qué quería decir judío o árabe o ruso en 1910 para un empleado de la oficina de migraciones, qué era precisamente un gaucho malo o una mujer de vida airada para los registros policiales.

Se escribe contra el olvido que carcome a la

historia, pero, al mismo tiempo, la hace posible. Para recordar, olvidamos: Funes el memorioso, que recordaba con todo detalle los hechos de un día, el dibujo de las nervaduras en una hoja, el paso de la luz por su ventana, los nombres y las fechas, no podía verdaderamente recordar nada. Con esta parábola sobre la memoria, Borges advierte las consecuencias de lo demasiado lleno. Funes recuerda en exceso, su recuerdo es un mapa de China tan grande como China: atontado por los detalles, para recordar un día necesita un día y, así, toda narración es imposible.

Como los filmes y las novelas, la historia vive de los cortes, de lo que se saltea, de lo que pasa a segundo plano y se desvanece. La historia es toda ella una perspectiva. Construir una historia es encontrar un punto de vista para contarla: cuáles son las voces que se escuchan nítidamente, cuáles son los personajes principales. Desde una hipotética perspectiva de Dios (desde donde todo podría verse al mismo tiempo), la historia es imposible. Para Dios, la historia no existe. Dios ni olvida ni recuerda.

La historia huye de lo demasiado lleno porque necesita del olvido. Pero el olvido mismo, el acto de olvidar es, probablemente, uno de los actos donde la historia muestra más abiertamente el conflicto. Los militares argentinos pretendieron que se olvidaran sus crímenes: desde el juicio a las juntas al indulto otorgado por Menem, se desarrolló una batalla no sólo sobre la culpabilidad sino sobre el carácter de los actos cometidos. Se discutía cómo leer el sentido de una historia y qué debía recordarse u olvidarse. La reivindicación que Massera todavía reclama es, sencillamente, una petición de sentido para su historia, en la que los hechos no se disuelvan sino que se iluminen de otro modo. A diferencia de los jefes militares, sus colegas en el exterminio, que sobreviven obnubilados por la vejez, el alcohol o las conveniencias, Massera no quiere ser olvidado. "¿Qué ser humano se atreve a condenar, incluso a los más criminales, a la peor de las muertes: la de ser olvidado para siempre?"

Como aborrece lo demasiado lleno, la historia siempre olvida: la pequeña gente, las mujeres, los obreros fueron durante mucho tiempo los olvidados. Vista desde arriba, la historia aseguraba un porvenir sólo a los poderosos, a quienes exhibían dramáticamente los extremos de la virtud o el vicio desplegados sobre escenarios espléndidos. Ellos eran los que corrían el riesgo de ser olvidados, porque a nadie se le ocurría que los otros, esos personajes secundarios, esas masas vistas desde la perspectiva aérea de una película de Cecil B. De Mille, pudiesen ni siquiera ser objeto del recuerdo. La historia cortaba su narración sacando de escena la vida cotidiana de casi todos, la cultura de los campesinos o los obreros, la resistencia de los débiles. "Olvidados para siempre", ellos, los débiles sabían, resignados, que les esperaba lo peor: no había recuerdo después de la propia muerte. Condenados en vida a ser anónimos, ese anonimato les aseguraba para siempre el olvido más pleno.

Cuando algunas historias abandonaron la perspectiva heroica, la de las grandes ideas, las grandes batallas, el punto de vista aéreo donde las masas se desplazan como si fueran una sustancia compacta, el olvido y el recuerdo comenzaron a adquirir sentidos diferentes. Algunas narraciones de la historia se vaciaron de actos espectaculares y comenzaron a contar aquello más mudo y más incognoscible del pasado: el fondo del tapiz se amplió hasta llegar a un *blow-up*, borroso pero legible, menos sensacional porque la vida cotidiana no siempre tiene las aristas nítidas ni el dibujo perfecto. En una especie de democracia narrativa, sonó la hora en que los menos preocupados por el olvido fueran, finalmente, los recordados.

Aprendiendo a escuchar

Los tonos más altos y más profundos, los más fuertes y los más tenues están adormecidos, como en un instrumento que nadie toca, hasta que la nación aprende a escucharlos.

WILHELM VON HUMBOLDT

Los diarios publicaron la noticia de un suicidio. Se trataba de un veterano de la guerra de Malvinas, uno más de los casi doscientos que, según la organización de ex-combatientes, eligieron el mismo camino final. Ese hombre tenía treinta años y dos hijos. Hace más de una década había combatido en una trinchera absurda, abierta por el aventurerismo oportunista de la dictadura militar que encontró en el recurso a la guerra una forma de consolidar, por un lapso muy breve, el frente interno que se estaba cayendo en pedazos. Ese hombre había sido un conscripto y seguramente cuando se incorporó al ejército no supuso que, pocos meses después, iba a caminar sobre la planicie helada de una isla hecha de piedras y de arbustos raquíticos. No adivinó que su vida iba a jugarse bajo el comando de oficiales tan poco preparados como él mismo para una batalla desigual, extemporánea, sin condiciones ni posibilidades de éxito.

En abril de 1982, otros muchachos, de la misma edad de ese hombre, se agolparon en Plaza de

Mayo, verdaderamente transportados por una ola en la que se hundían los crímenes que la dictadura había cometido sobre los cuerpos de hombres y mujeres igualmente jóvenes e igualmente indefensos. Galtieri en Plaza de Mayo habló a miles de pichis sobre el destino que otros miles de pichis iban a vivir muy lejos, en las que entonces se llamaban, con una solemnidad tan inadecuada como cursi, las tierras "irredentas". Fogwill usó esa palabra, pichis, en una novela más verdadera que cualquier documental televisivo sobre la guerra en Malvinas.

Después de la derrota "los tonos más altos y más profundos, los más fuertes y los más tenues" se adormecieron. Otros tonos se estaban oyendo: las denuncias sobre muertes, torturas y desaparecidos durante los años setenta (antes escuchadas sólo por quienes estaban decididos a escuchar pese a todos los peligros) fueron el objeto de un aprendizaje que tomó varios años marcados por la Conadep, el *Nunca más*, el Juicio a las Juntas Militares, los amotinamientos de Semana Santa. Después de las leyes de perdón y olvido comenzó el desvanecimiento. Nos habituamos a pensar atenuadamente sobre lo que había pasado durante la dictadura y, por supuesto, también se atenuó el recuerdo de la guerra de Malvinas (no es preciso celebrar el nacionalismo exaltado de la invasión, pero sí acompañar a las víctimas que sus promotores confinaron en esa especie de limbo que ocupan los ex combatientes).

De pronto, uno, dos, tres hombres hablan sobre la represión de los años setenta. Con una locuacidad impávida y una sinceridad que parecía imposible declaran, primero ante Horacio Verbitsky, luego ante casi todo el mundo, que ellos vieron sesiones de tortura, asesinatos, violaciones, crueldades de toda calaña, crímenes insostenibles por ningún discurso justificatorio; ellos vieron cómo se tiraban seres humanos vivos, dopados, agonizantes, al mar. Los "tonos más profundos y los más fuertes, que estaban adormecidos" pueden escucharse. Todo el mundo los oye y parece que "la nación aprende a escucharlos".

¿Aprende a escucharlos? La pregunta no pretende una respuesta segura que hoy es imposible. Probablemente, dentro de algunos meses, el recuerdo de el vuelo hacia la muerte sea eso: nuevamente un recuerdo, algo que no está permanentemente activo y que no irradia todo el tiempo sus sonidos. Es muy posible que ya hoy pocos recuerden el suicidio del ex combatiente, y que las columnas de soldados que estuvieron en Malvinas sigan despertando la misma mezcla de lástima y mala conciencia en las manifestaciones donde aparecen de vez en cuando. Para quienes estuvieron en contra de la guerra, el nacionalismo de los ex-combatientes es un obstáculo injusto para percibir lo que ellos significan como hombres sobre quienes la tragedia se encarnizó dos veces: la primera, cuando fueron enviados a una aventura irresponsable; la segunda y permanente cuando nadie sabe qué hacer con ellos. Frente a esa perplejidad, lo más rápido es olvidarlos, como olvidamos que Menem declaraba, en su campaña política de 1989, que iba a hacer correr sangre de nuevo en las islas del sur.

¿Qué hace la nación con esos tonos que reaparecen volviendo a poner en la plaza pública la exageración intolerable de la tragedia? No se puede vivir en una relación constante con los tonos "profundos y fuertes" de la muerte. Sin embargo, tampoco se puede vivir sin una relación verdadera, aunque sea intermitente, con ellos. Esas dos tragedias argentinas, de dimensión diferente pero provocadas por los mismos jefes militares, son algo que permanece aunque no se escuchen siempre sus sonidos.

Siempre es posible ver de nuevo *Noche y niebla* de Alain Resnais, quizás el film clásico sobre los campos de concentración nazis donde tuvo lugar el Holocausto. No es una película simple: al final de *Noche y niebla*, una voz en off, que ha relatado toda la historia, afirma que los genocidios no han terminado. Por una parte, la frase es injusta porque le quita al Holocausto aquello que tiene de suceso particularísimo en la historia del mundo; pero, por otra parte, advierte que se pueden escuchar esos mismos "tonos altos y profundos" en otras represiones y en otras matanzas. La frase final conecta el asesinato de millones de judíos con otros asesinatos (miles de hutus, o miles de bosnios o millones de armenios, centenares de miles de vietnamitas, de afganos, la lista es interminable). Se puede discutir esta conexión en la que se desvanecería el rasgo único del Holocausto. Pero la conexión misma es importante: los espectadores de esa noche, que coincidía en el tiempo con las nuevas denuncias a la represión militar de los años setenta, "aprendimos a escuchar" en el film de Resnais algo que no estaba allí para nosotros cuando se proyectó por primera vez en la Argentina, hace más de treinta años.

Escuchamos hoy, en *Noche y niebla*, tonos que creemos reconocer en nuestra propia historia. Las fotos de los cadáveres amontonados de manera indigna, como un último insulto a su humanidad negada, son las fotos que todavía nos falta ver: no vimos las fotos de nuestros muertos, y sólo sobre las ruinas de algunos campos de detención podemos imaginar cómo era allí cuando la violencia resplandecía con su omnipotencia siniestra. Esas fotos no existen y su inexistencia define lo que olvidamos y recordamos a medias.

La nación en el fin de siglo

Las representaciones utópicas van siempre acompañadas por actitudes críticas hacia la realidad social. El punto de partida de la empresa utópica es el sentimiento, si no la clara conciencia, de una ruptura entre lo que debería ser, el ideal, y la realidad. Las utopías tienden hacia una nueva vida en nombre de valores que trascienden lo existente.

Bronislaw Baczko

La idea de nación se exaspera y se atenúa según el tono de la época. Durante las guerras entre estados o entre dos naciones culturalmente separadas dentro del mismo estado, la patria como entidad colectiva organiza el resto de las significaciones sociales. En esos casos, la lógica del conflicto define los campos de pertenencia de manera más firme que las mismas fronteras materiales.

En 1982, millones se sintieron suplementariamente argentinos y enconadamente anti británicos durante la guerra de Malvinas. A una identidad nacional en baja (como lo fue la argentina durante la dictadura militar), la invasión a Malvinas le proporcionó el argumento del más exasperado nacionalismo: olvidando la dictadura y sus crímenes, una energía hipnótica se apoderó de una multitud que encontró en esa guerra la revancha simbólica a varios años de humillaciones. Ya durante el mundial de fútbol de 1978, la idea de la nación había galvanizado incluso a aquellos que, hasta ese momento, se sentían bastante ajenos a los espectáculos puestos en escena por el régimen de los militares.

Entonces, la idea de nación relegó a un plano subordinado todo lo que, precisamente en nombre de la nación, había hecho la dictadura: la idea de nación borroneaba el problema de la dignidad social y humana de sus víctimas, y se imponía sobre un campo de batalla que todavía estaba humeante. Un enfrentamiento aventurero, oportunista, sin principios, en el Atlántico sur y unos cuantos partidos de fútbol revitalizaron, en esos años, algo que parecía completamente muerto: el sentimiento de pertenecer a una colectividad, aunque ese sentimiento renaciera sobre el olvido de que esa colectividad estaba destrozada por acción de los militares que agitaban, en 1978 y en 1982, nuevamente la bandera argentina.

Me disgusta profundamente esta idea de patria y me siento ajena a esos sentimientos de nación. El relanzamiento del nacionalismo tiene rasgos que es difícil aceptar desde perspectivas democráticas: de eso se trata cuando una dictadura, o un gobierno reaccionario, aviva la hoguera del particularismo para expulsar los conflictos afuera del perímetro nacional, es decir, para internacionalizar los conflictos sociales y culturales que tienen una indudable dimensión local. El nacionalismo, la nación y las ideologías patrióticas funcionan entonces como sucedáneos colectivos de las ideas de comunidad que las dictaduras y los gobiernos reaccionarios son los primeros en destruir. Sobre una nación fracturada socialmente por las desigualdades económicas y culturales, el fantasma de la nación proporciona eso: una sombra que esfuma los contrastes, unificando, en el Corazón de la Patria, a quienes en todos los demás aspectos están separados y son diferentes.

¿Podemos encontrar otra idea de nación, que no surja de las operaciones de una dictadura o del fanatismo que los enfrentamientos deportivos transfieren incluso a aquellos que, en otras circunstancias, se interesan poco y nada por el espectáculo de los estadios? ¿Hay, a fin del siglo XX, una idea de nación que no termine en la matanza de la nación bosnia, que recuerda la matanza de la nación armenia, que recuerda la matanza de los judíos, las deportaciones de los gitanos, las movilizaciones territoriales de pueblos enteros en Europa central? ¿Hay una idea de nación que sea imposible compartir con la nación de las dictaduras, con la nación de quienes matan a los bosnios, con la nación de los fundamentalistas islámicos o el estado que asesina fundamentalistas? La historia del siglo XX nos previene contra una idea de nación que no esté sustentada en, por lo menos, otras dos ideas: la de la tolerancia hacia todas las diferencias que se incluyen en el territorio de una nación; la de los valores de solidaridad y de responsabilidad colectiva, de distribución equitativa y de igualdad de derechos que, a final de siglo, fundan una comunidad que no se distingue sólo por su origen sino por la forma que imagina su futuro y se decide a trabajar para alcanzarlo.

III
Todo es televisión

Las ideas caen del cielo

No podía escapar a la idea sombría de que el va de suyo es una verdadera violencia.
ROLAND BARTHES

Hablemos sobre el lugar común: un conjunto de afirmaciones indiscutibles, un capital de respuestas inmediatas, a las que se recurre antes de la reflexión, como materia que se presenta universal y compartida. El lugar común es un manual de instrucciones y constituye aquello que se vive como "lo natural". El lugar común tiene una historia que, se ancla por una parte, en la experiencia y, por la otra, en las ideas recibidas y adoptadas sin examen. De esa mezcla está tejida la trama de la vida cotidiana, los actos que se realizan bajo el automatismo de la repetición, que se legitiman como costumbres o que se imponen como preceptos.

El lugar común forma la enciclopedia del sentido común: ese acuerdo no escrito (ni sabido del todo), al que nos remitimos cuando las cosas, en lugar de ser pensadas, son ordenadas según normas que todo el mundo comparte sin elegir. La experiencia guía la constitución de estos bloques de sentido. Pero no sólo ella, la experiencia, produce esa configuración de ideas que parecen no venir de ninguna parte, haber estado siempre allí y permanecer como materias vivas.

Hoy, el sentido común se teje con ideas que, literalmente, caen del cielo. La televisión es una de las filosofías del sentido común contemporáneo. El gran sacerdote electrónico habla frente a su pueblo y ambos, sacerdote y pueblo, se influyen: la televisión escucha los deseos de su público y responde a ellos; el público descubre que sus deseos son bastante parecidos a los que le propone la televisión. En un acuerdo de partes, las ideas circulan como evidencias que no necesitan demostrarse. El mundo audiovisual ha reemplazado eficazmente a otras autoridades más tradicionales. Las religiones que más se preocupan por el *rating* adoptan estilos audiovisuales como garantía de relación con sus fieles.

Hace ya décadas se pensaba que la escuela era un aparato poderosísimo en la producción de ideologías colectivas. En la Argentina, además, la escuela estuvo protagónicamente ligada a los procesos de formación cultural y de ascenso social. Hoy sería ingenuo mantener la confianza en esa eficacia: la escuela ha entrado en quiebra y su público no encuentra en ella ni atractivo ni carisma. La escuela argentina ha perdido una batalla simbólica: abandonada por el estado a su pobreza, los jóvenes encuentran en otras partes las ideas que luego consideran completamente propias. Cultivan la originalidad de los lugares comunes juveniles: una encrucijada de encuentros desparejos entre hipersubjetivismo, romanticismo, antiautoritarismo, anarquismo individualista, solidaridad de grupo, apoliticismo. Las ideas (que siempre se fortalecieron recurriendo a la estética) son emitidas por la letra de rock y el videoclip. Nadie podrá quejarse (y menos que nadie el gobierno), ya que la escuela ha sido abandonada a una pobreza atontada por la fácil abundancia que fluye de los mass-media.

En la historia cultural y política argentina, los intelectuales (en su versión tradicional, letrada) fueron arquitectos eficaces de la opinión pública: la república liberal, el nacionalismo antiimperialista, el populismo nacionalista, el democratismo, la idea misma de transformación social en un sentido de justicia, fueron ideologías formuladas por intelectuales. Las ideas comunes venían de ellos tanto como de la experiencia de masas o de la lucha política. Nadie se atrevería a sostener que este peso intelectual sobre la configuración de ideas se mantiene intacto. Intelectuales de nuevo tipo reemplazan a los tradicionales. Estos nuevos productores de ideas colectivas pertenecen al espacio de la cultura mediática más que a las viejas categorías de la cultura letrada. ¿Quién compite con Grondona, en una punta, y Mauro Viale en la otra?

La parte perecedera de las cosas

Pasiones sin verdad, verdad sin pasiones, héroes sin acciones heroicas, historia sin acontecimientos; una evolución cuyo único impulso es el calendario y que cansa por la repetición constante de tensión y distensión.

KARL MARX

La frase, escrita hace más de un siglo, obviamente no se refiere al contenido de un noticiero de televisión. Sin embargo, describe perfectamente la novedad sin novedad que consumimos de manera apasionada en las pantallas y también en las páginas impresas.

A fines de los años ochenta, Occidente despertó con dos cañonazos de calibre bien distinto: caía en pedazos Europa del Este y Fukuyama nos avisaba que la historia había llegado a su fin. ¿Qué hacer, entonces, con los servicios de espionaje y los sueños de auroras que anunciaban nuevas épocas? Lo mismo que la televisión y algunos diarios habían empezado a hacer con las noticias: poner todas las cosas en el mismo estante, donde ya no parece una irreverencia que se mezclen el fútbol con las reuniones de ministros, ni los hechos bélicos o las hambrunas africanas con la última trifulca de una vedette con su novio. Finalmente, uno de los cañones que había derribado los muros en Europa del Este fue la televisión occidental, captada en Sofía o en Kiev: el flujo de imágenes televisivas les avisó a los rusos o a los búlgaros que el capitalismo no es un completo desastre cuando se trata de la producción de mercancías (aunque éstas sean, muchas veces, absurdas e innecesarias). La televisión, invadiendo clandestinamente los países del Este, les llevaba a sus habitantes la noticia de que existían mercancías en abundancia en otros lugares de la Tierra.

En los canales argentinos, los noticieros, por su parte, parecen programados por Fukuyama: detrás del flujo de lo que se considera la última novedad, no logra capturarse nada completamente nuevo. Intoxicados de imágenes iguales, consumidas con la avidez de una dieta que logra disimular su monotonía, nos vamos acostumbrando a pensar la historia como una repetición. En este sentido, la posmodernidad nos acerca a las visiones míticas de la historia, donde una misma configuración de hechos volvía a producirse en cada giro del año, cada mutación de la luna o cada cosecha. Pero con una diferencia: esta historia repetitiva no tiene los héroes divinos o semi-divinos de la mitología, sino personajes menores: "héroes sin acciones heroicas". El mundo épico de la mitología ha sido purificado de toda épica y los hechos que se repiten son la prosa de los sueños más cotidianos o el horror de pesadillas que vuelven: nacionalismos sangrientos, pueblos enteros que se mueren de hambre, saqueos, violaciones, asesinatos, humillaciones. La repetición de las pesadillas sólo es tolerable si los sueños traen también sus promesas fáciles.

Así, la última y perfecta cirugía estética de Maradona o de Mirtha Legrand forman parte esencial de los restos con los que se alimenta la noticia. A golpes de actualidad, que marcan la monotonía cotidiana con hachazos penetrantes pero siempre iguales, se construye un presente que repite constantemente "tensión y distensión": se ocultan unas semanas para renacer más bellas; se aman, se odian; juegan al fútbol, abandonan el fútbol; se reconcilian, se distancian; se traicionan, son fieles, vuelven a traicionarse; roban, se justifican, siguen robando; mienten, se rectifican, siguen mintiendo; hablan, se contradicen, siguen hablando; sonríen, lloran, sonríen; amenazan, halagan, insultan.

El paisaje de la noticia está congelado en estas series de actos y, al mismo tiempo, es un rompecabezas de piezas irregulares, donde las convexidades de unas se encastran en las concavidades de las otras. Cuando terminamos de armarlos, estos rompecabezas nos revelan una imagen a veces atroz y a veces banal, pero que casi nunca vale la pena del esfuerzo. Armarlos es disfrutar con la acción del armado y no con lo que resulta de ella. No se arma un rompecabezas para tener un cuadro significativo, se lo arma para pasar el tiempo.

Los especialistas en comunicación dicen que la "noticia se construye". Esta es una verdad obvia: no hay hecho que sea noticia antes de ser noticia. Es decir: para la pantalla, nada existe que no suceda sobre su lisa superficie, cuyas reglas son ese nervioso impulso donde la máquina de la historia marcha a pulsos de calendario.

¿Qué hace que algo sea noticia? Su fotogenia.

Como las modelos, las noticias tienen que ser fotogénicas: un perfil cuya belleza debe imponerse lo más rápidamente posible, antes de que lo oculte la imagen siguiente. No se puede esperar a que la noticia se manifieste: una noticia que tarda en mostrarse no es una noticia (a lo sumo podrá ser un hecho, histórico o trivial). Tampoco puede esperarse a que una modelo sea aceptada como bella: no hay tiempo para una belleza que no sea inmediata. No hay tiempo para ningún hecho cuyo carácter de interesante no se revele en la primera frase. La belleza de la modelo o el valor de la noticia deben imponerse de un solo golpe de vista, para evitar el tedio, la discusión, el zapping, la vuelta de página. En televisión, sobre todo, la fotogenia de la noticia es, casi, su único pasaporte a la existencia. Esa fotogenia no está basada necesariamente en la novedad, porque la televisión vive de la repetición organizada, de la repetición convertida en estética visual y en técnica informativa.

Contra la aceleración de la noticia, los diarios (que fueron, en realidad, los que primero buscaron la velocidad como forma más democrática de acceso público a la información) establecen algunas barreras: suplementos que vuelven a leer la noticia en clave interpretativa, síntesis periódicas que explican cómo las cosas han llegado a donde han llegado acá o en otra parte del mundo, opiniones que intentan anclar la noticia en la perspectiva elaborada por algunos sujetos. La televisión, en cambio, dedica poco tiempo a estos lujos: ella vive de la aceleración, de la sobreimpresión, de la mezcla. La noticia migra de bloque a bloque, anunciada antes del corte comercial, retomada después del último plano de la publicidad del canal, resumida a los tropezones, comentada sin poner en juego ningún saber útil ni específico.

Se puede hojear un diario distraídamente. Un noticiero televisivo *debe* mirarse aceptando su dispersión. Por eso, la repetición parece siempre novedosa; y los detritus pueden ser presentados como historia. Por eso, los héroes (malvados o benéficos) de la noticia no necesitan ser heroicos. Necesitan, simplemente, estar allí el tiempo suficiente para convertirse en héroes. La noticia televisiva es una carrera donde se premia tanto la velocidad como la permanencia: hay que aparecer a cada rato para ser noticia. Pero, si todos tienen que aparecer a cada rato, el rato que le corresponde a cada uno debe ser breve. Adoramos, así, el aspecto más perecedero de las cosas.

Reyes del cool

Los otros invitados habían aprovechado la ausencia de la Reina para descansar a la sombra. Pero, no bien la vieron llegar, volvieron a la carrera y empezaron a jugar de nuevo. La Reina se limitó a señalar que cualquier demora les iba a costar la vida. Mientras jugaban, la Reina no dejó en ningún momento de pelearse con todos los jugadores y gritar "¡Que lo decapiten! ¡Que lo decapiten!" Después de media hora de juego no quedaban más arcos y todos los jugadores, excepto el Rey y la Reina y Alicia, tenían sentencia de ejecución.

LEWIS CARROLL

¿Por qué esta escena de Alicia nos divierte tanto? La Reina recorre un campo de juego de croquet impartiendo, a troche y moche, sentencias de muerte que nadie cumple aunque todos parecen tomarlas extraordinariamente en serio. La Reina es una rareza, una excentricidad, una curiosa deriva del mal humor, una arbitrariedad continua, en pocas palabras: la Reina tiene estilo. Es rara y, al mismo tiempo, parece completamente cotidiana porque la forma en que realiza sus deseos es repetida y casi hogareña. "¡Que lo decapiten!" La Reina se divierte haciendo andar la máquina del poder absoluto, pero es mucho más absurda y malhumorada que poderosa. La Reina nos divierte porque su mal humor, al ejercerse hasta el límite paródico de lo inverosímil, tiene todos los atractivos del absurdo.

Por razones de algún modo parecidas, divierten Beavis and Butt-Head, los dibujitos que todos los días aparecen, cerca de medianoche, en MTV y ya tienen su revista en argot adolescente porteño. A su modo, Beavis y Butt-Head gritan todo el tiempo "¡Que lo decapiten!". Sentados ante su televisor, con el control remoto, Butt-Head programa MTV para Beavis y, de paso, para todos los que, fuera de los dibujitos, estén viendo MTV en ese momento. Desde un punto de vista, son dos idiotas, colgados de MTV y aguantándose clips que generalmente aborrecen pero que no pueden dejar de mirar porque, en algún momento, aparecerá el clip que están esperando. Dicen cosas atroces de las bandas que MTV les pone delante y, en ese acto, llevan a cabo una especie de prueba cotidiana del poder de la televisión: está allí, aunque sea para ser aborrecida.

Cuando no hay televisión, Beavis y Butt-Head entran en una especie de deriva existencial. En un episodio, contaron minuciosamente los minutos que faltaban para el comienzo del programa esperado: esos minutos fueron interminables; Beavis y Butt-Head sufrieron un tedio diferente del tedio, perforado de insultos y maldiciones, que les proporciona MTV. Se preguntaban uno a otro: ¿cuánto falta para que comience? La pregunta sonaba verdaderamente terrible porque, de algún modo, en ese episodio cuyo tema era la televisión ausente, el mundo había estallado y sólo podía arreglarlo el regreso de las imágenes.

Beavis y Butt-Head se componen y se descomponen según rachas de clips. Una racha los lleva lejos del destartalado living-room donde están su sillón reventado y su televisor cachuzo. Entonces salen al mundo buscando chicas, dinero, aventuras. Siempre fracasan, son capturados por el desprecio o la violencia, se confunden con lo que encuentran, van presos, gritan su profesión de fe *heavy*. Son patéticos, incompletos, imbéciles, hipercríticos, maniáticos, extrañamente viejos, apáticos y desinteresados, insultantes, despectivos. Beavis y Butt-Head son dos pintorescos bestiales que, anclados en MTV, realizan su propia crítica al mostrarse como el compuesto químico que produce la pura televisión. En efecto, ellos dos pertenecen por completo al horizonte exagerado pero posible de un mundo donde la única referencia sea MTV. Desde ese horizonte, Beavis y Butt-Head son dos mutantes que, además, van a al colegio como todos los chicos, a veces trabajan en un Burger World, viven, como millones, en un suburbio deteriorado, exploran sin curiosidad los recovecos de su calle, y llevan estas condiciones hasta su límite de vaciamiento. Para ellos, sólo existe una clase estimable de cosas, situaciones o personas: las que merecen el adjetivo *cool*.

Cool es nada: un adjetivo sin contenido estable y, al mismo tiempo, un adjetivo tan pleno que corta el mundo en dos partes. *Cool* es la lengua en su grado de máxima carga valorativa y de poder expresivo del deseo. Como "piola", es un adjetivo para todos los casos y todos los usos, que define lo apropiado, lo que corresponde a cada situación, la materia de los sueños y las fantasías, los objetos del deseo, las admiraciones y las devociones. *Cool* se extiende como consigna de reconocimiento: el que dice *cool* es *cool*. Beavis y Butt-Head no necesitan una lengua extensa, que se diluya en matices, sino una lengua intensa, que les permita decidir en todos los casos, de inmediato y económicamente, qué vale la pena y qué es simple basura. *Cool* es un adjetivo intenso porque cumple todas las funciones, hace desaparecer las otras palabras y parte de manera eficaz el mundo donde Beavis y Butt-Head miran MTV.

Beavis y Butt-Head son deliberadamente desaforados, extravagantes y completamente comunes al mismo tiempo. En su exageración encuentran el estilo apropiado y lo cultivan con perceptible autoconciencia. Beavis, el rubio, y Butt-Head, el del jopo, ofrecen la hipótesis de un modelo de mutante cultural. Salen de la cultura electrónica, están hechos de su materia, y viven en un espacio unidimensional, donde nada que no venga del televisor puede ser mínimamente interesante.

Por eso, por el fanatismo frío esgrimido como estilo, Beavis y Butt-Head son la crítica más interna que jamás ha producido la cultura electrónica sobre ella misma. Cuando usan la obscenidad como mantra y dicen *cool*, definen, tan imaginariamente como la Reina ordena decapitaciones, una línea divisoria. Beavis y Butt-Head muestran sus pasiones frías y actúan esas pasiones hasta sus consecuencias más extremas. No vacilan jamás, porque tienen una máquina perfecta para organizar en dos campos todo lo que ven o escuchan. No vacilan porque conocen a fondo los rasgos de su estilo. Su personalidad es una suma completa, saturada. Al exagerar las consignas con las que se compone un estilo, se comprometen hasta el fin y logran un patetismo absurdo. Magnifican sus gustos por repetición e insistencia, mostrando el revés de una trama: el absurdo aparece cuando los sentidos son tan compactos y, al mismo tiempo, tan banales. Por su severidad, su decisión, su audacia, su pedantería y su estupidez, Beavis y Butt-Head son, a la vez, los dibujitos divertidos de MTV y su crítica.

Tienen la nitidez de un doble trazo en una superficie plana.

La democracia mediática y sus límites

La rapidez con que las noticias se devoran unas a otras mientras la última novedad pisotea el terreno todavía caliente del acontecimiento que pasará al olvido, invita a fijar la mirada sobre el caso Osswald versus Wilner, ahora que, para los medios, ya ha llegado al final definitivo de su vida útil. La historia pública del caso comienza antes de las elecciones presidenciales del 14 de mayo de 1995 y continúa después de ellas contradiciendo la idea demasiado sencilla de que las elecciones iban a sepultarlo: los mismos protagonistas afirmaban que esto podía suceder y que el interés del gobierno antes del 14 de mayo se iba a desvanecer después de esa fecha. Pues bien, contra toda predicción, no sucedió así y este dato sostiene la importancia no coyuntural de todo lo que se puso en juego. El caso Osswald versus Wilner es una condensación reveladora, una síntesis espectacular, un guión donde se concentran rasgos fundamentales de la Argentina en los noventa. No puede ser tomado como una construcción únicamente mediática aunque hayan sido los medios el escenario donde se desarrollaron las escenas del drama familiar convertido en cosa pública.

Pero, hay que admitirlo desde un comienzo, el caso fue lo que fue no sólo por la avidez de sensaciones que impulsa a los mass-media a buscar en la vida privada la materia de sus argumentos, ni sólo por la espectacularidad que ellos, como ninguna otra escena, son capaces de otorgar a un asunto. Vale la pena, entonces, separar los elementos del caso y, si fuera posible, reconducirlos a rasgos más generales y más permanentes.

1. Antes, un pequeño resumen para algún distraído o afortunado lector que desconozca los pormenores: hace ocho años, Gabriela Osswald y Eduardo Wilner, se casaron y se fueron al Canadá, donde él hizo estudios de posgrado y ella trabajos temporarios y actividades comunitarias; allí tuvieron una hija y vivieron algunos años; después se separaron y Gabriela Osswald regresó a la Argentina con la criatura, sin autorización de su padre; Eduardo Wilner le hizo juicio en Canadá y logró la tenencia de la niña; la madre consideró que no había tenido las garantías suficientes en la Justicia canadiense y llevó el conflicto a los tribunales argentinos que también se pronunciaron en su contra. En total, siete jueces argentinos y canadienses refrendaron la posición del padre. [1]

El caso se despliega alrededor de dos ejes. Está, por un lado, el tema familiar que sintetiza

[1] A comienzos de 1996, un tribunal canadiense, al que Gabriela Osswald se vio obligada a someterse, dispuso que la niña, de aquí en más, pasara la mitad de su tiempo en la Argentina y la otra mitad en Canadá. El padre ha apelado esta sentencia.

prácticamente todo: hipermodernidad y tradicionalismo, roles masculinos y femeninos, cultura y naturaleza, ley positiva y derechos naturales, instinto y razón. Pero cruzando este complejo de temas, al que volveré enseguida, aparece la cuestión de la nacionalidad humillada. Mariano Grondona (con esa perspicacia que lo caracteriza para agitar el sentimiento patriótico y convertir intereses sectoriales en causa nacional, que supo utilizar durante la guerra de Malvinas y a propósito del episodio Maradona en el último mundial de fútbol) instala el caso en su programa de televisión desde la perspectiva de una Argentina cuya diplomacia se deja intimidar por la presión de naciones más poderosas, y cuyos funcionarios estarían más dispuestos a inclinarse ante la menor sugerencia de una potencia extranjera, deslizada durante una reunión mundana, que a defender los intereses de los ciudadanos argentinos en el mundo.

Pero, naturalmente, no fue Grondona el único que apeló al orgullo nacional herido. Gabriela Osswald dijo, una y otra vez, que su hijita no debía volver al Canadá, país donde había nacido, porque allí sería siempre una ciudadana de segunda. El sintagma, ciudadana de segunda, multiplica su fuerza en el imaginario social: los argentinos, que no se escandalizan frente al racismo discriminador con que aquí se enfrenta la cuestión de las migraciones bolivianas o peruanas cuyos miembros son tratados como personas de segunda categoría, no están dispuestos a tolerar la sospecha de que, en otro país, la hija de una pareja de argentinos sea, a su vez, discriminada. Este discurso no necesita pruebas. Por el contrario, se acepta como verdad autoevidente las palabras de Osswald: madre e hija serían ciudadanas de segunda en el Canadá.

De inmediato, una sombra de nacionalismo de pequeño país acompaña, como una veta menos obvia pero fácilmente activable, el debate sobre el caso. Cada vez que Osswald se refiere a las tareas que, como inmigrante o como acompañante de un estudiante extranjero, realizó en el Canadá se dibuja el perfil, digno pero al fin de cuentas humillante, de una mujer que limpia pisos y baños: una argentina de capas medias, inteligente, escolarizada y rubia, fue reducida a las tareas más serviles en una nación donde, por lo menos las mujeres extranjeras, no podrían aspirar a otra cosa. De esta afirmación no probada, se disparan todas las imágenes sobre un estrecho porvenir de inmigrantes laboriosos para la niña y para su madre: ¿a qué futuro de pisos y baños se está devolviendo a la criatura? ¿a qué futuro de discriminación y de impotencia donde un Estado, el canadiense, no velará por su bienestar como no se ocupó del de su madre, abandonada también por su propia patria?, ¿a qué lugar remoto, donde se habla otra lengua y donde los representantes diplomáticos de la nación de sus padres son títeres de las sugerencias de una potencia extranjera? Todo esto quedó planteado como prólogo al caso Osswald versus Wilner y, si con el transcurrir de las semanas, no ocupó el centro del debate, sin embargo permaneció como revés de una trama donde, de un modo ejemplar, se unieron los temas de familia y nación.

2. De todos modos, la emergencia de un sentimiento de humillación nacional es una línea subordinada a la principal del drama. Y ésta, sin duda, presenta los aspectos más apasionantes. De nuevo, Mariano Grondona planteó el problema con la claridad más brutal: se interrogó sobre cuál ley debía prevalecer, si el derecho natural o la ley formal, dando por establecido que el derecho natural tiene, en casos como éstos, preeminencia sobre las instituciones humanas. La niña debe quedarse con su madre no porque eso sea lo mejor desde un punto de vista psicológico, moral o cultural (lo cual podría convertirse en objeto de un debate cuya resolución no es clara para nadie), sino porque eso significa plegarse a una ley natural que, en el caso de Osswald, se cumple a través del instinto materno, cuyo imperio no puede ser recortado por resoluciones judiciales. La imagen de una leona protegiendo a su cachorro, que Grondona puso en pantalla varias veces, retrotrae un conflicto al estado de naturaleza.

Es bastante obvio que el debate sobre una cuestión definida en términos de naturaleza vacía de sentido el escrutinio de soluciones diferentes. Como con los animales, la naturaleza admitiría las cosas de un sólo modo. Pero, si la naturaleza se erige en el patrón a partir del cual se miden los derechos de los seres humanos, comenzamos a recorrer un camino inverso al de la constitución histórica y el examen filosófico de esos derechos. En un mundo donde todas las construcciones humanas están afectadas por la discusión de sentidos morales erosionados por la modernidad, la Naturaleza propone un refugio mítico y presocial que no ha sido tocado por la precariedad. La Naturaleza está allí como un virgen espacio imaginario adonde, frente a conflictos agudos, es posible regresar en la búsqueda de normas para la acción social que, sin Naturaleza y sin Dios, carecería hoy de fundamento.

Una leona proporciona su imagen al comportamiento social deseable: la humanidad retrocede así a sus más remotos (e hipotéticos) orígenes para encontrar allí las respuestas a cuestiones que no puede discriminar según las reglas que las sociedades humanas adoptaron, precisamente, en un proceso histórico de varios miles de años. El mito, puesto que esa Naturaleza y esa leona no son otra cosa, toma el lugar de una respuesta a una pregunta conflictiva que, muy probablemente, no tenga una solución "buena". Hasta aquí, el drama construido frente a la opinión pública por quienes son no sus protagonistas, sino sus narradores y comentaristas.

3. Pero existe otro nivel de presentación pública de este drama privado. Gabriela Osswald domina una habilidad indispensable en las formas actuales del debate público: tiene capacidad mediática. Ella fue la directora de la puesta en escena del caso Osswald versus Wilner y, al revés de lo que sucede habitualmente en los medios que dirigen a los actores de sus dramas, ella fue su propia directora y guionista. Acá estamos viendo lo que se aprende en la televisión en el momento en que alguien se lo devuelve a la misma televisión donde lo ha aprendido.

Es imposible hablar de manipulación mediática del personaje Osswald: en todo caso, se ha producido una alianza entre las necesidades del medio y las necesidades de la mujer en conflicto. Osswald ofrece una demostración espectacular de saberes de nuevo tipo que serán de aquí en más saberes indispensables en las democracias mediáticas: el sujeto pasivo del *reality-show* que exhibe sus heridas frente a la cámara o se entrega a la policía en un canal de televisión, ha sido superado por el personaje activo que construye sus declaraciones según todas las normas de la retórica de los medios. Osswald es, en casi todo momento, más hábil que las *stars* televisivas que la entrevistan encandiladas ante el ejercicio de un saber que es el propio y que, sorpresivamente, han encontrado en alguien que viene de afuera.

Destrezas del futuro: sin duda, la posmodernidad es la etapa de la alfabetización mediática, por encima de la alfabetización de la letra. Los políticos tratan de aprobar sus cursos en esta escuela pero, de pronto, alguien desde lejos de la política y de la profesión mediática, alguien como Osswald, demuestra que esas habilidades pueden estar en manos de otros actores que no salen de la televisión sino que van a ella.

4. Se abre entonces una serie de cuestiones que desbordan el desenlace del drama Osswald versus Wilner. Para decirlo muy rápidamente, de la noche a la mañana el caso se convirtió en un problema respecto del cual todos debían tomar posición: desde el presidente de la república hasta los jugadores de fútbol. Maradona visitó a Osswald y ella,

a su vez, visitó furtivamente la casa de gobierno. El caso organizó un campo de debate en lugar de inscribirse, como caso, en un campo preexistente a su emergencia. En este sentido es, justamente, un *leading case*, no porque a partir de su resolución se establezca jurisprudencia, sino porque en su mismo planteo nos está informando de la profundidad de las modificaciones sucedidas en la esfera pública cuando ella se vuelve, como hoy se dice, esfera pública electrónica.

Volvamos a Mariano Grondona, quien representa con excelencia la lógica de esa nueva esfera pública. En una semana donde se discutía el futuro del plan económico, y las relaciones de la Argentina con el Brasil agudizaban el choque de intereses contrapuestos, Grondona dispuso el tiempo de su emisión en dos grandes bloques: setenta minutos dedicados al caso Osswald versus Wilner y cincuenta minutos dedicados al tema económico. Esta asignación de tiempos traduce un estado del debate público: diría, una correlación de intereses que el programa calca en su asignación de tiempos. El marketing democrático de las encuestas informa que la mayoría de los argentinos está preocupada por el tema económico, pero, al mismo tiempo, ese tema es crecientemente opaco para quienes padecen sus efectos: ¿cómo unir el destino individual a las inversiones de una automotriz en San Pablo o en Córdoba?

Esto no es nuevo, naturalmente: sabemos todo y, al mismo tiempo, no sabemos lo que necesitamos saber. En compensación, la democracia mediática es insaciable en su voracidad por vicisitudes privadas que se convierten en vicisitudes públicas y el presidente de la nación ha sido siempre un maestro en trasmutar los avatares de su familia en micro-relatos de proyección política. Ya nos hemos acostumbrado a que sus pasiones privadas proyecten luces y sombras sobre la esfera pública volviéndola más interesante porque, frente a la abstracción de las instituciones, se levanta una voz corporizada por el odio, la indignación o la compasión, ya sea para pedir la pena de muerte, revestir los funerales de un hijo con los atributos del Estado, o aconsejar a una madre en dificultades con la Justicia.

La esfera mediática ha introducido innumerables modificaciones en la presentación de los problemas que magnetizan a la sociedad, pero lo que ha hecho con mayor originalidad es la reasignación de fronteras entre lo que es público y lo que es privado. En consecuencia, se han alterado las relaciones entre aquellos hechos que afectan a todos los ciudadanos y los hechos cuya proyección toca sólo a los que están privada y directamente comprometidos en un conflicto. Emerge una solidaridad de lo privado en una sociedad que está perdiendo criterios de solidaridad públicos. La trasposición de las fronteras entre lo público y lo privado habilita para que un caso como el de Osswald versus Wilner no sólo nos comprometa a todos (los diarios no dejaron de registrarlo en primera plana y las encuestas de opinión mostraron que casi no había personas que se abstuvieran de tomar posición en el conflicto) sino que pasa a ser directamente una cuestión pública.

El caso, como caso massmediático, otorga

una engañosa familiaridad a las cuestiones más abstractas de la justicia y de la independencia de los poderes. Acostumbrados los argentinos a que el Poder Ejecutivo presione a los jueces y a la Corte Suprema para lograr fallos favorables a sus políticas o a sus amigos corruptos, la opinión recibe sin condena que, esta vez, se presione en favor de una "buena causa". Así, todo el tiempo se ha opinado sobre temas institucionales, aun cuando se creyó hablar del futuro de la niña cuya tenencia está en disputa. Las mujeres que rodearon la casa de Osswald fueron la vanguardia movilizada y activa, decidida a todo, incluso a organizar a escuadras de jardín de infantes como escudo protector de los intereses supremos de la maternidad y la filialidad. Esas mujeres están bien lejos de la conducta guiada por los principios de juridicidad y derecho que las Abuelas de Plaza de Mayo, en un paralelo ciertamente ilustrativo, adoptaron en los casos de hijos de desaparecidos que se abrieron (por esas ironías que tiene la simultaneidad) al mismo tiempo que las pasiones se encrespaban alrededor de Osswald y Wilner.

La esfera pública electrónica no es, entonces, sólo un lugar desde donde se emite información, ni donde se construye opinión. También ha pasado a ser un lugar donde la opinión se contrapone a las instituciones, disputando con ellas la jurisdicción para decidir sobre los conflictos privados que se convierten en públicos precisamente para ser sustraídos de las instituciones (la Justicia en este caso) que los albergaban. La democracia de la opinión se contrapone a la democracia de las instituciones; se denuncia el carácter formal-abstracto de las instituciones frente a la flexión concreta y humanizada de la opinión que no pretende manejarse con otras leyes que no sean las de la naturaleza: a diferencia de las instituciones, la opinión se remite a la naturaleza para fundarse y se adjudica una sabiduría de la que carecen las instituciones, porque es sensible a lo particular aunque responda a impulsos tan generales como los que se arraigan en la naturaleza e, incluso, se comparten con el siempre ilustrativo mundo animal que, aun en la posmodernidad, no ha perdido su carácter de disparador mítico. En este sentido, la opinión podría evaluar las contradicciones según una perspectiva concreta y atenta a las particularidades conflictivas en juego, podría operar sobre los datos presentes y, paradojicamente, innovar; la institución debe siempre olvidar algo de lo concreto para poder incluir el caso en una perspectiva general que permita juzgarlo de acuerdo al derecho y, por lo tanto, es insensible al presente y opera sometida a un pasado codificado en la ley.

En sociedades donde las grandes cuestiones son cada vez más complejas y quedan radicadas en escenas inaccesibles para la opinión, el caso aparece como lo democrático por excelencia: sobre el caso todos podemos opinar, y para opinar sólo son necesarios los saberes más comunes: ¿quién no tiene la experiencia de lo que significa una familia, un padre, una madre o un hijo? Estamos frente a lo particular que demuestra ser universalmente compartido. El caso parece una escena democrática porque permite pronunciarse sin otro saber que el que todo el mundo cree poseer, y su reconfiguración de los límites entre lo público y lo privado también parece ir en un sentido democrático. Hasta aquí, se trataría de la expansión de lo privado sobre lo público y de la correlativa conversión de lo privado en público.

Sin embargo, las cosas no se detienen en este punto. Porque el caso, que presenta, frente a la abstracción o la lejanía de los grandes principios generales, su cualidad concreta y próxima, no se satisface con ella. En un pase rapidísimo, el caso comienza a valer de manera general y se emiten juicios que no tienen que ver con el destino de los personajes del drama sino con la relación de ese drama con las instituciones: de pronto la justicia de los jueces es juzgada por la justicia del sentido común y ésta se muestra, como no podría ser de otro modo, más humana, más comprensiva y más "natural". El carácter formal de los procedimientos institucionales se convierte en una carga inicua e intolerable. De repente, todo está cuestionado: el drama privado, que la televisión espectacularizó como drama público y nacional, proporciona fiscales que acusarán a la institución judicial porque ella sería ciega a los pliegues concretos del drama privado que, para medirse en la escena mediática, ha debido convertirse, sin mayores miramientos, en drama público.

En este juego donde cambia la apariencia de los hechos y de los actores, los jueces representan un obstáculo para que el drama se resuelva de acuerdo con la naturaleza de las cosas, esto es la naturaleza de lo que no puede ser discutido porque tiene la cualidad de la autoevidencia.

5. Estamos, para qué negarlo, ante un conflicto: la democracia mediática necesita de la democracia de opinión y se lleva mejor con ella que con la democracia representativa. La democracia de opinión parece más abierta y más plástica que la representativa y la esfera electrónica subraya estas cualidades porque justamente se legitima con ellas: las cosas pasan más eficazmente en la televisión que en las instituciones o, por lo menos, esto es lo que tendemos a creer cuando vemos a las cosas en la televisión, aunque luego sean borradas, ellas y los conflictos entre ellas, por nuevos dramas. La esfera electrónica tiene algo mercurial e instantáneo que también es un rasgo de la opinión y que, justamente, está ausente del recorrido laberíntico de las instituciones. La democracia de opinión es más abierta también porque, lejos de los trámites formales, emite un juicio donde todas las opiniones, hipotéticamente, se validan allí en el acto de su enunciación y no en el cumplimiento de los procedimientos que hacen de un acto de enunciación un acto válido en las instituciones legislativas o judiciales. La democracia de opinión es más rápida y salta sobre los obstáculos, muchas veces intolerables, entre el conflicto y su resolución. Avanza a golpes de instinto, guiada por la imagen de lo que se cree justo.

Fundamentalmente, la democracia de opinión opera con el sentido común que ella misma construye. Sin embargo, ¿cómo juzgarla apresuradamente, con la misma velocidad con que ella juzga y condena a las instituciones?

Se me dirá que estamos frente a un dilema de las sociedades contemporáneas. Y es cierto. Pero la opacidad creciente de lo social y la complejidad de los procedimientos, se suma en la Argentina a un clima donde las instituciones representativas y judiciales son maltratadas si no responden afirmativamente a las decisiones políticas; como rasgo estilístico de profundas resonancias culturales, se agrega también una tendencia irrefrenable por parte jefe del Ejecutivo a redefinir las relaciones entre lo privado y lo público, convirtiéndose Menem en el mejor expositor de los ideales mediáticos que reconfiguran los límites entre uno y otro espacio. En esta escena, la democracia de opinión es invocada por los medios audiovisuales que la necesitan como sustento y, al mismo tiempo, reproducen sus condiciones de emergencia, y se la convoca como antídoto de las fallas de la democracia representativa, y como socorro de la opinión pública. El marketing político, el posicionamiento según encuestas y la primacía de la opinión construida por esos medios, son perfectamente afines a este estado de las cosas.

El caso Osswald versus Wilner (como antes el del ingeniero Santos) prueban una modalidad de construcción cultural de lo público: las pasiones sitian a las instituciones cuya eficacia no parece evidente y el imaginario teje su creencia de que hay verdades más sencillas, más inmediatas y naturales. Todo el problema de la cultura contemporánea se resume en este conflicto donde el vacío de compromisos significativos comunes es compensado por una maraña de lazos simbólicos que operan probablemente con más fuerza sobre quienes están menos incluidos en las grandes decisiones que definen sus vidas.

Gabriela y Mariano

Existen muchas cosas que no soportan la luz brillante e implacable de la escena pública y la presencia de los otros.

HANNAH ARENDT

Los capítulos de la demasiado extensa miniserie Osswald contra Wilner parecieron desmentir la frase de Hannah Arendt. Cuando los hechos judiciales llegaron al punto en que Gabriela Osswald debía devolver la niña al lugar de donde la había retirado, todo el asunto fue girado a los medios de comunicación desde donde se organizó un verdadero movimiento social alrededor del caso. Mariano Gondona tomó partido por Gabriela en la televisión y en los diarios; otros prohombres de la pantalla chica, incluidos algunos miembros del clan Sofovich, adoptaron una actitud similar. Un grupo de mujeres rodeó durante más de dos semanas la casa donde estaba la niña para impedir que se efectivizara la resolución de los jueces; hubo manifestaciones, sentadas de chicos de jardín de infantes en la calle, tumultos de cámaras de televisión en Tribunales, insultos al padre, que tenía la pretensión de ejercer derechos que la Justicia le había reconocido; exigencias de Gabriela a la cancillería argentina para que, del presupuesto nacional, se pagara su viaje al Canadá y sus abogados frente a los tribunales extranjeros.

El capítulo final, por lo menos en tierra argentina, nos mostró una salida hacia Ezeiza de madre e hija custodiadas por patrulleros que supervisaron su transferencia a un helicóptero que las depositó en la zona no abierta al público del aeropuerto. Acá terminó la parte local de la miniserie y es deseable que sus guionistas no insistan.

Mariano no se perdió capítulo del docudrama que convirtió a un conflicto privado en tema público de primera magnitud. Al contrario de lo que dice Hannah Arendt, las cosas soportaron bien "la luz brillante e implacable de la escena pública y la presencia de los otros", y la rencilla de Gabriela con su ex marido apasionó a las bases sociales del rating tanto como al más cultivado de los animadores televisivos, Mariano, quien fue el teórico del partido materno.

Pero vayamos un poco más atrás. Desde hace algún tiempo, la televisión argentina nos viene acostumbrando al uso del nombre de pila entre personas que apenas se conocen o que, incluso, se están viendo por primera vez. Hablamos de Susana, de Mirta, de Nico, de Mariano, de Bernardo, de Diego y de Gaby y, en consecuencia, de Gabriela (Osswald) y de Eduardo (Wilner). Los apellidos, que son la forma pública del nombre, retroceden para hacer pública la forma privada.

Esta modalidad no caracterizó siempre al estilo televisivo: Olmedo fue Olmedo, o el Negro Olmedo; Porcel es Porcel y Jorge Luz es Jorge Luz, para citar estrellas de anteriores firmamentos massmediáticos. Incluso, hasta hace pocos años, la pareja estelar no era Mariano y Bernardo, sino Neustadt y Grondona, pese a que, entre ellos, se interpelaban con el nombre de pila. Vilas fue mucho más Vilas que Willy, Carrizo siempre fue Carrizo y no Amadeo, lo mismo que Passarella o Perfumo, aunque los comentaristas deportivos dijeran "Daniel" o "Roberto" cuando entraban en diálogo con ellos.

En pocos años, el apellido ha perdido terreno frente al nombre y una celebridad lo es realmente cuando en lugar de ver su apellido en gran cartel, es su nombre el que se escribe con todas las luces. La televisión, que logra hacer banal hasta los hechos más horrendos y domina la pedagogía de simplificar lo que sólo puede juzgarse si se respeta su complejidad, nos ha proporcionado esta gran familia de primos y primas, a las que cualquiera de nosotros puede tratar como si conociera desde la infancia.

Surge una intimidad nueva: la confianza entre desconocidos apoyada en una relación desigual pero que nos ilusiona con el igualitarismo de los nombres de pila y el sentimentalismo a viva voz de las estrellas que confiesan, todos los días y a toda hora, que nos aman infinitamente porque somos su divino público.

El estilo de Grondona no parecía ser el más adecuado para hundirse en esta deliciosa proximidad: más sobrio, más culto (según los estándares modestos del medio televisivo), más distinguido, bien podía haberse salvado. Sin embargo, el caso Osswald versus Wilner lo encontró no sólo enviando besos, desde la pantalla, a su protegida en el combate por la maternidad atacada, sino desplegando hasta sus últimos confines la estética y la ideología del nombre privado. Mariano defendió a Gabriela.

Y así está bien dicho, ya que Mariano se metió más allá de lo verosímil y de lo prudente en la mostración pública de un caso privado exhibiéndolo, en sociedad con una de sus protagonistas, a "la luz brillante e implacable de la escena pública y la presencia de los otros". Asistimos, en una comunicación vía satélite, a una primorosa discusión entre las dos partes en conflicto, Gabriela y Eduardo, sobre los pormenores de su anterior vida matrimonial. Si se quiere una historia intensa pero banal, especialmente adecuada al régimen televisivo. Nos enteramos quién se quedaba en casa para lavar platos y cambiar pañales, quién salía a trabajar limpiando pisos y baños, cuál había sido el proyecto que llevó a la joven pareja al Canadá, por qué uno de ellos decidió volver y el otro quedarse, quién hizo una nueva relación, cuándo y dónde, etc. etc. Y estos pormenores se ventilaron en el programa más intelectual de la televisión argentina (se trata de *Hora Clave* y no de las elucubraciones de Mauro Viale, tómese nota), y Mariano ofició como maestro de ceremonias del *reality-show* protagonizado por Gabriela, una agitadora audiovisual que cuestionó todas las instituciones al mismo tiempo.

Sin embargo, esta "luz brillante e implacable de la escena pública y la presencia de los otros" no destruyó el caso de Osswald versus Wilner. Sucedió lo contrario: fue la publicidad la que lo construyó precisamente como caso. Quizás las viejas categorías de lo público y lo privado ya no sirvan para pensar la escena audiovisual, cuya mayor revolución es haber definido de nuevo cuáles son los límites entre lo que es posible mostrar y aquello que pertenece a los pasadizos de una intimidad perdida.

Siete hipótesis sobre la videopolítica

Lo que molesta en la comunicación es la comunicabilidad misma: los hombres son separados por aquello que los une. Sin embargo, esto también quiere decir que, en el espectáculo, nuestra naturaleza lingüística no es devuelta de manera invertida. Por eso, la violencia del espectáculo es tan destructiva; pero, también por eso, contiene algo así como una posibilidad positiva que puede ser utilizada en contra de éste.

GIORGIO AGAMBEN

Primera. La videopolítica es hoy la forma más visible del aspecto público de la política. Se trata de una reconfiguración tecnológica y cultural de la que ya no es posible imaginar un retroceso. Las transformaciones tecnológicas son irreversibles por varias razones: en primer lugar, porque desencadenan procesos sociales y productivos que tienen un impacto material tan fuerte como social; en segundo lugar, porque operan en la dimensión cultural produciendo reformas no sólo técnicas sino incorporándose al imaginario, convertidas en estilos que se presentan como la "naturaleza" de los discursos y las prácticas. Las transformaciones tecnológicas modifican la percepción de la espacialidad y la temporalidad, producen matrices de actores, inciden sobre el elenco de los géneros públicos y privados, trazan los límites de lo posible formal. Ellas alimentan el motor de los sueños colectivos, la forma de los deseos, el género de los discursos. Como todo lo que las sociedades producen, están regidas por el cambio y el peligro de la obsolescencia. Sin embargo, el cambio no implica un regreso a formas previas.

Por eso, lo que hoy llamamos videopolítica es la forma actual de la política en las sociedades occidentales, aunque existan modalidades políticas que no se inscriban en ella. Estas modalidades, anteriores, "libres", o externas a la videopolítica, de todas maneras se producen en un espacio reorganizado por la nueva estética y regido por sus leyes de legitimación. Es posible pensar formas no audiovisuales de la política, incluso es posible que esas formas sean defendidas como alternativas mejores a la esfera pública mediática. Sin embargo, todos los cambios contemplarán el régimen de ese nuevo espacio.

Segunda. La videopolítica ofrece formas aparentemente no mediadas de presentación de las cuestiones públicas. Circula la idea de que todo puede ser mostrado de manera inmediata y, sobre todo, en directo: tanto los operadores mediáticos como sus públicos participan de esta ilusión, que es una prolongación radicalizada de la conocida vigilancia por parte de la prensa sobre los poderes políticos y las instituciones. Los cambios estilísticos que acompañan a la publicidad electrónica de las acciones políticas son una marca distintiva de la videoesfera: ni los discursos, ni el tipo de persona pública, ni los estilos físicos pueden resistir las regulaciones de la nueva configuración formal. A un ideal de transparencia, que la videopolítica esgrime como su justificación moral, se agrega una modalidad de tratamiento de las cuestiones, que se presenta como inextricablemente unida a la máxima publicidad y visibilidad.

En la videopolítica todos los acontecimientos dan la impresión de que pueden ser captados y mostrados casi sin la intervención de operadores. Esto, sin duda, es una ilusión porque las estrategias discursivas son tan fuertes en la videopolítica como en las formas anteriores de la política. Sin embargo, uno de los rasgos del medio audiovisual es presentarse como un medio sin mediaciones: la interpelación al público es directa y el recurso de la trasmisión en directo tiñe incluso las secuencias que han sido editadas y manipuladas antes de su emisión.

La videopolítica crea la ilusión de la inmediatez: todo se juega en un espacio electrónico que, por su proximidad y familiaridad, es visto como una ininterrumpida captación en directo. La cámara sorprende al político en aquello que el político está menos acostumbrado a controlar: el contraplano imprevisto, el gesto crispado, el tartamudeo o la vacilación. No se trata de una verdad, sino de un efecto de verdad.

La videopolítica impone sus reglas sobre las del discurso político: cambios en el estilo de argumentación, en la lógica y la retórica, en los niveles de lengua, en el sistema de imágenes, en el tipo de interpelación. En términos generales, la videopolítica prefiere un discurso fuertemente marcado por la coloquialidad, por la interpelación directa, por el recurso a la experiencia como prueba de verdad, por la garantía personal del juicio general. El sistema argumentativo de la videopolítica es más simple que el de la política en los medios escritos y en la arena deliberativa; al mismo tiempo, es menos prescriptivo y menos intenso que el del ágora y las viejas modalidades de la plaza pública.

Tercera. La videopolítica desacraliza la política. En este sentido es un capítulo del proceso, típicamente moderno, de cambio en la escala y en el tipo de relación entre ciudadanos y políticos. Los medios audiovisuales, al producir el efecto de la inmediatez y de la captación en directo del suceder mientras está sucediendo, modifican la escala de la política y del político. Se establece una distancia aparentemente menor entre ciudadanos y políticos profesionales. Bajo la presión de la inmediatez, los políticos profesionales se muestran con los atributos del hombre y la mujer comunes: una familia, pasiones, una vocación como cualquier otra, defectos y virtudes cotidianas. Este acercamiento del político a las dimensiones triviales de la vida, tiene su precio. La proximidad de la videopolítica impone un desbalance en la escala de distancias con que funcionaba la política y se instituía la esfera pública antes de su reorganización audiovisual.

Los políticos, afectados en su imagen por este cambio de escala, están obligados a desarrollar al mismo tiempo una estrategia doble (y no siempre compatible): la de la máscara del hombre común que participa de las dificultades y las preocupaciones de los ciudadanos llanos y la del personaje que, por sus destrezas, sus saberes, sus cualidades e incluso sus defectos, está colocado en esa otra escena, que no es la cotidiana sino la escena fuertemente formalizada de las instituciones. La familiaridad desacraliza el cuerpo del político y al mismo tiempo lo convierte en uno de sus capitales más valiosos. Nunca como en la videopolítica, la imagen física tuvo una importancia tan decisiva: las cirugías estéticas, el estilo de las ropas y los peinados son definitorios en la construcción de la máscara política y deben soportar el escrutinio de la proximidad, y no la perspectiva lejana y majestuosa de la escena anterior a la revolución audiovisual. El equilibrio paradójico entre la familiaridad extrema y la seguridad de que, a pesar de y por esa familiaridad, el político puede ser un representante adecuado de sus votantes, impone un conjunto de estrategias singularmente complejas: soy como ustedes y no soy como ustedes es el mensaje que debe ser comunicado al mismo tiempo. No siempre se lo logra y la llamada "crisis de la representación política" tiene que ver con este dilema.

Si, por un lado, la videopolítica cierra imaginariamente la distancia cultural entre representante y representados, por el otro pone al político en una relación nueva, establecida por fascinación, imitación y necesidad, respecto de las estrellas del medio audiovisual. En efecto, la videopolítica también cierra imaginariamente la distancia entre *stars* y políticos, incluyendo ambas categorías en un sistema de vedettes. El político se somete a pruebas de popularidad que no se relacionan directamente con sus destrezas institucionales específicas sino con un conjunto de destrezas audiovisuales, pautadas por la estética mediática. El *star-system* audiovisual traslada muchas de sus regulaciones al sistema de jerarquías políticas y define trayectorias de ascenso o de descenso en una escala de popularidad mediática cuyos grados no coinciden con las credenciales correspondientes a la viejas formas de hacer política.

En este sistema, el político es, por lo menos intermitentemente, un *entertainer* desesperado por que no se le aplique la ley del zapping. Busca un discurso que se ajuste al tipo de unidades semánticas propias del medio, y ensaya frente a la cámara un sistema gestual compartido con otros protagonistas de la videoesfera. La distancia entre políticos y *stars* se reduce también del lado de las *stars* que aparecen en los medios con sus opiniones políticas avaladas no por su condición de ciudadanos sino por el peso de su estrellato mediático.

Además el político acude a programas cuyo género y formato son ajenos al discurso político: eso refuerza el cambio de estilo, justamente porque la idea de desplazar la política hacia el *entertainment* tiene que respetar las regulaciones del *entertainment*. Del político-periodista, que fue una figura típica de la modernidad incluso en la Argentina, se pasa al político-animador. El cambio es no sólo de destrezas sino de densidad conceptual e ideológica y también de ideales estéticos. La "televisividad" es una cualidad fotogénica y, en la práctica, decide la presencia o ausencia de la esfera política electrónica: políticos con o sin rating.

Cuarta. La videopolítica adopta una forma discursiva más sencilla y accesible que la de las instituciones deliberativas del sistema político. Por eso, pretende ser un relevo de instituciones más lentas y más ineficientes. Frente a los tiempos de las instituciones formales, los tiempos de la videopolítica se aceleran como una fantasía. Los problemas cuya definición misma supone una arquitectura discursiva compleja aparecen congelados en consignas que se adaptan mejor al ritmo entretenido de los medios. La videopolítica promueve un estilo discursivo donde las proposiciones son, al mismo tiempo, irreales e inmediatamente performativas. En este sentido la videopolítica tiende cada vez más a presentarse como un reemplazo de instituciones más lentas y cuya dramaturgia es menos "interesante".

Desde un punto de vista sintáctico, el sistema de subordinación en el discurso de la videopolítica es simple: evita las subordinaciones concesivas, la sintaxis propia de los matices intelectuales (si bien esto sucede, no obstante...), para privilegiar las subordinaciones causales y finales (hacemos esto para lograr aquello, hacemos esto porque sucedió aquello). Por estas razones formales, la videopolítica parece más persuasiva y accesible que el discurso parlamentario, judicial y, en términos generales, institucional. En relación con las instituciones deliberativas, cuyos trámites de procedimiento son prolongados (y no podría serlo de otro modo), la videopolítica tiene una estrategia de procedimiento simple. Incluso en los programas de opinión más complejos e intelectuales, los hechos y los problemas son presentados, entendidos y resueltos en el curso de media hora, cuyos resultados deliberativos pueden ser sintetizados sobre un pizarrón o en el resumen final del videoperiodista.

Quinta. La videopolítica vive en un puro presente. Su punto nodal está fuertemente anclado en el instante que devora al futuro y al pasado. La continuidad del tiempo (el tiempo del proyecto, de la comunidad, de la historia) se amontona en las intervenciones de un presente seccionado del flujo denso de la temporalidad: las cosas aparecen y desaparecen según un ritmo que es completamente mediático.

Este es el destino de las noticias en los programas de informaciones donde la sucesión alocada liquida el peso y la particularidad del acontecimiento, que pierde sus cualidades específicas para presentar sólo aquellas cualidades que son consideradas mediáticas. La abundancia de acontecimientos sin cualidades o la repetición de acontecimientos procesados desde una perspectiva que aplana sus cualidades, forma parte de una estrategia discursiva que domina el discurso audiovisual, y frente a la que la política padece especialmente.

Acostumbrándose a la repetición, la videopolítica acepta los principios básicos del discurso televisivo: unidades de alto impacto y baja complejidad perfectamente adecuadas para alinearse en la cinta sin fin de una línea de montaje audiovisual. La política se adapta a un uso como música de fondo, en *fade-in* y *fade-out*, un zumbido político que vacía los momentos verdaderamente densos. Y al mismo tiempo, en los programas de actualidades, este muzak debe tener cierta cualidad operística de dramatización de los episodios más banales o de presentación aceptable de los hechos más terribles. La videopolítica necesita ser al mismo tiempo cotidiana, atenta a las formas más simples de las cuestiones (y en este sentido la videopolítica es plebeya), pero sin perder un alto carácter dramático (acentuando como conflictos incluso aquellas posiciones o discursos que no están necesariamente incluidos en una relación polémica). El continuum videopolítico se extiende a lo largo de todos los géneros audiovisuales (los políticos visitan todos los shows) y al mismo tiempo es una politización despolitizada de esos espacios discursivos.

Sexta. La videopolítica define un nuevo tipo de acontecimiento público especialmente creado para integrarse en su continuum. A la televisión no le interesa registrar aquello que la política puede mostrarle siguiendo sus propias reglas. Por el contrario, de manera cada vez más evidente, la política monta el acontecimiento para que éste merezca el registro de la televisión, hasta el punto en que muchos acontecimientos políticos son producidos sólo para ocupar un lugar en la videoesfera. La conferencia de prensa, en las viejas épocas de la hegemonía del periodismo escrito, fue el primer acontecimiento específicamente mediático en el cual los políticos accionaban y discurrían con el único objeto de que eso se registrara en los medios. Fue, sin duda, un giro democratizador de la información que sacó las acciones políticas de escenarios institucionales más cerrados y las colocó en un espacio cognoscible y controlable por los ciudadanos informados. Con la conferencia de prensa, el periodismo ya no tenía que producir su noticia a partir de un conjunto de inferencias y datos, sino que la información se le presentaba producida, en una primera instancia, por los sujetos políticos, a quienes podía interrogar y repreguntar.

Esta modalidad revolucionaria de la información pública se despliega espectacularmente en la videoesfera: sólo allí la noticia existe verdaderamente para todos. Si bien todavía hoy el periodismo escrito lleva la delantera en la presentación e interpretación de los hechos, es la videoesfera el lugar donde esos hechos existen para todo el mundo.

Por eso, los políticos, los movimientos sociales, los ciudadanos saben que sus reclamos o sus denuncias han encontrado en la videoesfera el lugar donde la visiblidad es máxima. Esta visibilidad acentuada, sin embargo se compensa con la corta perduración del acontecimiento en la memoria. Nada existe si no está en la pantalla y nada dura demasiado tiempo en ella.

Séptima y última. La videopolítica transforma la democracia representativa en democracia de opinión. En este sentido, la videopolítica es una extensión cultural de la política en la vida: plebeya, basista, democratizadora de los lugares de enunciación, que la vieja política distinguía por manejo de saberes y posesión de destrezas. En la videopolítica, por lo menos teóricamente, todos somos iguales: las habilidades de la oratoria parlamentaria, o de la palabra de agitación en la plaza pública, ceden su primacía a los estilos orales de la televisión. Y, se sabe, la coloquialidad es aquel registro de la lengua que, aunque lleva marcas de estratificación social, es más generalmente compartido.

Por otra parte, la desjerarquización y rejerarquización de personas y personalidades en los medios audiovisuales, establece un sistema nuevo de prelaciones: las *stars* de la videoesfera, los intelectuales y los políticos, no quedan sometidos sólo a las leyes de prestigio específicas de sus espacios sino que participan en un macroespacio que los recategoriza. En ese macroespacio las opiniones se presentan como equivalentes y la especificidad del juicio experto retrocede ante la no especificidad del juicio legitimado por el sistema de estrellato. Un jugador de fútbol y un canciller pueden ser presentados como emisores equivalentes no sólo sobre temas deportivos sino también sobre temas internacionales (y éste no es un ejemplo al azar sino algo que sucedió efectivamente con un jugador argentino entonces radicado en Gran Bretaña y un canciller que exponía sobre las Malvinas).

En temas que tocan las problemáticas de la vida cotidiana, los políticos, los "expertos" y los ciudadanos son equivalentes. Esta perspectiva democratista tiene consecuencias complicadas cuando de la opinión sobre problemas para los cuales no son necesarias destrezas particulares se pasa a otros cuya complejidad compromete saberes específicos. En la videopolítica las estrategias por las cuales la opinión puede convertirse en construcción institucional, medidas de gobierno, resoluciones judiciales, pasa por un cortocircuito. Esta cuestión, que fue inaugurada en las democracias de masas, se dramatiza en la situación contemporánea.

Las instituciones están rodeadas por la red incesante tejida por la democracia de opinión, cuyo espacio privilegiado hoy son los medios. Ni el ritmo, ni las modalidades formales de las instituciones coinciden, como es obvio, con la inmediatez de la opinión. Esto sitúa a la videopolítica en una relación estrecha y dependiente de la forma ultramoderna de la opinión construida en las encuestas. Y los encuestadores comienzan, también ellos, su camino hacia el estrellato mediático.

Con esta última observación, se llega al problema tal como interesa a la democracia política y a su dimensión fundamental, las instituciones. Vivimos tiempos en que es preciso volver a pensar la relación entre sistema político, ciudadanía y opinión pública. Así como la política cambió, en la primera modernidad, en relación con las nuevas tecnologías y discursos de la imprenta y el periodismo, hoy está frente al dilema de someterse a la dinámica de la videoesfera y practicar una especie de seguidismo ciego de sus modalidades y reglas, o pensarse nuevamente como polo activo desde el cual es posible configurar formas de presentación ante la ciudadanía que, ya se sabe, no va a apagar el televisor para acudir todos los días a la plaza pública o al parlamento, pero necesita que en esa pantalla siempre despierta se instalen modos de información y transparencia que no se agoten en los estilos impulsados por el *show-business*.

Games en CDROM: mitologías tridimensionales

¿Por qué está leyendo esto? ¡Póngase a jugar ya mismo! Es divertidísimo. Mucho más divertido que estar allí leyendo. ¡Leíamos antes de que se inventaran los video-games!

LUCASARTS,
Instrucciones de un video-game

Los videojuegos han encontrado su versión más perfeccionada en la tecnología del CDROM. Casi podría decirse que los *games* estaban esperando las computadoras de alta velocidad, las pantallas de matriz activa, la ferretería de los sound-blaster y las tarjetas de sonido, la capacidad de almacenamiento del CD. Con un poco de esfuerzo, todavía se puede recordar a los pioneros de las aventuras textuales (donde, como en muchos juegos que hoy deambulan por Internet, se trataba de jugar roles escribiendo sábanas de texto); en el más miserable local público siguen, inmunes a los tiempos, Pacman, Super Mario y la *menagérie* de personajes de los *games* cuyo escenario son planos dibujados, llenos de bichitos, bombas y pasadizos, la iconografía original de los viejos juegos de aventuras, con sus alfombras rodantes en las que los espacios se representan sin ilusión de profundidad y son recorridos por los personajes generalmente a los saltos.

Pero, en 1991, apareció una nueva generación de juegos, especialmente ansiosa de ese soporte privilegiado en velocidad y capacidad que es el CDROM: *Wolfenstein* fue el primero que produjo sus escenarios en tiempo real y de acuerdo con los movimientos del jugador. Era el primer juego tridimensional y virtual. Poco después llegó *Doom,* el juego más exitoso de todos los tiempos. De allí en más, los juegos tridimensionales imitaron a *Doom* cuanto les fue posible; trataron de reemplazarlo, hasta ahora sin éxito, amontonando parafernalia visual y sonora. Hoy, en las listas de best-sellers de las revistas de juegos, *Doom I* y *Doom II* todavía están entre los diez primeros, performance especialmente meritoria en un mercado volátil. Junto a *Doom,* nuevos games como *Descent, Dark Forces* y *The Rise of the Triad* ofrecen un espacio tridimensional que se genera ante los ojos del jugador y, para decirlo de manera exacta, a medida que éste desplaza sus ojos o sus pies. Entre los diez primeros títulos del *hit parade,* nunca menos de tres pertenecen a esta categoría de maratones de la muerte en espacio virtual generado en tiempo real.

Si usted nunca los ha jugado, me permitiré una descripción, sin duda desvaída. Usted se sienta ante su computadora, equipada con sound blaster y lectora de CDROM, carga el juego (digamos *The Rise of the Triad*), elige un nivel y comienza. Sus ojos tienen a la pantalla como plano de representación. Usted es una mano que empuña un arma de fuego (aunque, según los avatares, usted es también una mano desarmada, o una mano que esgrime un cuchillo). El *mouse* (o las teclas de dirección) son sus piernas; el botón izquierdo del *mouse* es el gatillo del arma que usted empuña o los músculos de su brazo. Su dedo índice pulsa el gatillo y su pulgar o la combinación de su pulgar y su dedo medio impulsan sus piernas y sus ojos.

Usted se reconoce en esa mano que ocupa el centro de la línea inferior de la pantalla y reconoce el movimiento de sus ojos en los movimientos del *mouse*. Entra así en el espacio virtual del juego.

Usted ha leído las instrucciones, que son muy sencillas, y va a comenzar a jugar. Es miembro de una fuerza de tareas de las Naciones Unidas, empeñado en una operación clandestina en una isla del golfo de Santa Catalina, ocupada por los Oscúridos. Ha elegido un nivel bajo de juego. Esto quiere decir que usted es un "cachorrito", "tiene voluntad de hierro pero rodillas de gelatina". Se llama Taradino Cassatt, lleva una camiseta negra muy ajustada y dos cartucheras le cruzan el pecho.

Comienza la cacería. Decenas de Oscúridos vestidos de gabán a la rodilla, cinturón de cuero y casco con visera de hule empiezan a perseguirlo. Usted camina por una galería de metal bajo un cielo nublado pero todavía rojizo por el atardecer. Puede mirar hacia arriba, pero por el momento no le conviene. Tiene que matar a los tres primeros guardias si desea la oportunidad de quedarse un rato explorando la ciudad-edificio que lo rodea. Vamos, usted puede matarlos fácilmente, porque son los primeros, su reserva de munición está completa y su salud intacta todavía. Cuando mate a esos guardias podrá mirar un poco el paisaje.

Usted ha apuntado y dispara. Una lengua de fuego rojo y amarillo sale, en un espléndido rizo flamígero, de su pistola. Enseguida, el cuerpo de uno de los guardias, que usted había permitido que se aproximara peligrosamente, salta por los aires: en milésimas de segundo, las partículas verdosas del gabán destrozado se convierten en bloquecitos de carne y de sangre sólida; usted se inclina para ver un amasijo de carne de guardia en el piso, un cuerpo desarticulado en músculos y huesos que contrasta sobre la piedra oscura: un *scorzo* perfecto de pies en primer plano y cabeza dirigida al punto de fuga, un detalle de Uccello. Usted gira entonces hacia la derecha y mata al segundo guardia, el cual antes de morir logra disminuir la cifra de bellas cápsulas verdes que, en la parte inferior de la pantalla, representan el estado de su salud. No importa: las instrucciones del juego le han avisado que en algún lugar de su recorrido podrá mejorarse por completo comiendo algo o recogiendo un botiquín de primeros auxilios al paso. Usted mata, con mayor cuidado y velocidad, al tercer guardia.

Bien, usted ha quedado solo. Si quiere avanzar hasta la próxima trampa es cosa suya. Deberá abrir una de las puertas que están allí enfrente, del otro lado de la explanada. Por el momento se queda de este lado de esa puerta. Quiere recorrer la explanada. La música que acompaña sus movimientos es un tema muy breve y sencillo, con fuerte *beat*, que se repite en *ostinato* de teclados. Retrocede hacia la entrada de la gran explanada y comienza de nuevo, con tranquilidad porque usted sabe que ha matado ya a los tres guardias. Otros vendrán pero no en este primer recinto.

Usted ha llegado a la explanada por un corredor abierto, construido con grandes vigas y columnas de hierro oscuro. Es una construcción paleo-futurista, algo así como un ensamblaje de ingeniería que exhibe la materialidad del hierro. La armazón es maciza y carece de toda cualidad grácil. No es un puente tendido sobre el vacío, es una galería que pesa y se apoya densamente en el piso, cuyas vigas tienen remaches desproporcionados. Para salir de la galería usted ha pegado un pequeño salto y cae en el suelo, también de piedra, de la gran explanada. Es un piso rugoso, opaco, que por sí solo, visto en perspectiva, tiene una especie de monumentalidad yacente. A la salida del corredor, usted mira hacia adelante. La extensión de la explanada simula ser bastante grande: digamos doscientos o trescientos metros.

Justo enfrente de usted, a doscientos o trescientos metros, están las puertas de un edificio (al cual, cuando decida seguir jugando, deberá entrar indefectiblemente). Son puertas en estilo falso normando, pesadas puertas falsas, que evocan un estilo mucho más arcaico que la arquitectura de la explanada y que la tecnología de las armas que usted lleva en sus manos. Las puertas proclaman "soy el gótico" en medio de la ciudad paleo-futurista. El cine y la historieta nos acostumbraron a estas contaminaciones.

Usted cruza esas puertas y se desliza pegado a la pared. Si logra llegar hasta el final de ese primer recinto cerrado, si logra escapar de los bloques de granito en ignición que se desplazan lentamente a lo largo del recinto, doblará hacia la izquierda, ascenderá por una escalera aérea formada por círculos metálicos, gigantescos rulemanes que suben y bajan iluminados desde su base e impulsados por control remoto. Si logra llegar al final de esa escalera reluciente que se desplaza con la regularidad de un émbolo gigantesco, saltará en el aire hacia un nuevo recinto, ya más pequeño. Habrá llegado a una plaza seca. Algo en sus alrededores evoca la plaza seca del Renacimiento pasada por una procesadora de diseño que le ha borrado todo rasgo de estilo. Pero, se reconoce la idea de plaza seca.

Dos torres ortogonales recortadas contra el cielo que se ha iluminado con un rojizo más pálido y fluorescente. Usted se desplazará siguiendo las paredes de las torres, que se unen en noventa grados y enfrentan una gigantesca vidriera de unos treinta metros de largo. Sobre esa vidriera hay un mural "expresionista abstracto" y translúcido. Del otro lado de la puerta vidriera, varios guardias. Usted retrocede porque elige no presentar combate ahora y seguir inspeccionando.

Algunos artefactos amenizan este paisaje de hierro, cemento y piedra. Son ánforas iluminadas con decoración falso pompeyano, lámparas votivas art déco, árboles petrificados, cuchillas indias adosadas a cilindros giratorios, bloques incandescentes de hierro y ámbar, tótems tecno enclavados sobre plataformas móviles, cruces encerradas en círculos que cuelgan geométricamente de las marquesinas. Todo un despliegue de cosas que citan, en una suma desprolija, a los símbolos de varias religiones hechos papilla en una licuadora *New Age*: ocultismo, orientalismo, hinduismo, indoamericanismo ofertan sus imágenes en este bazar.

Usted vuelve al primer espacio saltando ahora por los gigantescos rulemanes que se han activado como puente aéreo. Alrededor de esa gran explanada cuadrangular, interrumpido solamente por torres ortogonales de piedra (una especie de moderno primitivo), hay un cerco de hierro. Usted quiere acercarse para ver el resto de la ciudad. No puede. Mira hacia arriba y sólo ve el cielo (de paso le corrige el color, lo vuelve menos denso y, por lo tanto, menos siniestro). Insiste acercándose al cerco después de saltar por encima de algunas plataformas móviles. Afuera hay un morado desierto montañoso, en el cual la ciudad-templo de los Oscúridos es la única construcción: ciudad-templo, ciudad-fortaleza, ciudad-laberinto, ciudad-prisión, ciudad-edificio, ciudad-sepulcro.

Lo pueden matar en cualquier momento, pero usted sigue explorando. Llega a una terraza que, en realidad, es el techo único de los edificios separados que ha recorrido. Desde esa terraza sólo se ve el cielo, miles de estrellas. Usted salta a una plataforma giratoria y mira hacia arriba. Los edificios ya no existen. Sólo el cielo negro. La plataforma desciende y usted vuelve a estar en el nivel del piso.

Allí, decenas de triángulos de piedra rotan sobre su base, triángulos equiláteros de diferentes colores, cristal o silicio, que usted irá recogiendo como botín. Pero usted quiere mirar nuevamente el paisaje que rodea a la ciudad-edificio. Se asoma demasiado, un cilindro gigantesco, que usted no ha visto, lo empuja hacia el vacío. Usted cae. Usted ha muerto.

No voy a llevarlo con el mismo detalle por otros juegos. Allí están, como dice el folleto de LucasArts citado en el epígrafe, para que la gente juegue porque jugar es bastante más divertido que leer. Sin embargo, algunas cosas podrían decirse de uno de los juegos inventados por los creativos redactores de ese folleto: *Dark Forces.*

En una escenografía de acero y cromo, altas columnas biseladas sostienen los techos donde se incrustan paneles de magnesio. Los suelos gris plomo, sobre los que están dibujados los arabescos e insignias del enemigo, atenúan una iluminación discreta. Por galerías estrictamente geométricas se desemboca en salas de computadoras, repletas de parafernalia tecnológica que titila en verde, azul o rojo. Los marcos de las arcadas inmensas están bordeados, del piso al techo, por tubos de luces intermitentes. A los costados de los nidos de computadoras, paneles de acero, con los ojos rojos de sus luces de vigilancia, se curvan desenvolviendo un espacio tridimensional a medida que el encargado de la Misión avanza hacia los objetivos secretos o hacia la muerte.

Geometrización intensa y misteriosa: algunos pasillos desembocan en cámaras ortogonales, espejadas, de las que se sale por gigantescas puertas deslizantes hacia terrazas donde reina la noche de las galaxias y, destellando en la noche de las galaxias, las llamaradas de las armas enemigas; desde verandas de semicírculos vidriados se puede saltar o disparar sobre las terrazas que se escalonan hacia abajo o hacia arriba; grises paneles rectangulares componen el anillo central de un recinto custodiado por una increíble cuchillita que se desplaza, como patinando, sobre un cubo móvil; las galerías a la intemperie parecen bloqueadas por una pared final que apenas ilumina un cielo violeta.

Los enemigos son bien conocidos: todas las tropas del mal de *La guerra de las galaxias*, robotitos o soldados vestidos como robotitos, negros o marrones, que caen muertos en una disposición geométrica, unos atrás de otros (si se tiene la suficiente puntería), formando sobre el piso alfombrado una especie de cuadro de después de la batalla que siempre puede revisitarse si se toma el camino a la inversa: volver y mirar los cadáveres que uno ha ido dejando a su paso, verlos idénticos al momento en que cayeron, con sus pies de acero en primer plano y sus yelmos, un poco orientales y un poco medievalizantes, en perspectiva, rozando los pies del enemigo matado en segundo lugar, que ha caído un poco en diagonal, apuntando con su yelmo hacia los pies del tercero, completamente despanzurrado.

Las llamaradas que salen de las armas están muy diseñadas, con trazos que recuerdan el *pop* y la historieta. Quizás lo más impresionante sean las armas mismas: primeros planos, en perspectiva, de caños dobles, cargadores de plasma, culatas biseladas; primeros planos de redondas granadas de mano, hendidas en el medio por una cuchillada negra y dos puntos rojos; primeros planos de detonadores, chatos como un platillo volador en miniatura; primeros planos de rifles estelares, pletóricos de plasma mortal; sobre todo, impresionantes manos, cubiertas de guantes negros, sobre cuya materia brillante rebotan las luces. Todos los tonos del gris empavonado relumbran cuando comienzan los disparos. El video-game acentúa refinada pero muy evidentemente el principio de geometría, porque ésta es todavía una de las constricciones técnicas de los juegos computados, pero la acentuación le viene bien al clima retro-ultra-sf-tecnoplanetario.

LucasArts, el inventor de *Indiana Jones, La guerra de las galaxias* y este *Dark Forces*, que traduce la guerra de las galaxias a un video-game en CDROM, trabaja con íconos que ya han probado su eficacia en el cine. En el comienzo del juego que, como otros de LucasArts imita a una película, las naves espaciales son enteramente perfectas, con ese realismo de maqueta que tiene toda la ciencia ficción: "Hace mucho tiempo en una galaxia muy distante..." y, sobre esas palabras, el título millonario, *Star Wars*, seguido del título del juego, *Dark Forces*. De inmediato, comienza la narración esquelética que desemboca en el lanzamiento de la misión: "El Nuevo Orden del Imperio extiende sus garras demoníacas por toda la galaxia, devastando planetas..." La imagen sigue con una espectacular caída a través de cielos negros, por los que una nave espacial se desplaza hacia el infinito (borde superior de pantalla), acompañada de gran sonido estereofónico y efecto de alejamiento. Empalmando con este sonido, comienza el tema musical. Después de las instrucciones, impartidas sobre el icono de otra nave espacial, la misión se inicia en el pasillo de entrada a los hangares de una base desde donde quien ocupe el lugar del protagonista, Kyle Katarn, despegará hacia los escenarios antes descriptos, en el planeta Danuta, donde hay que apoderarse de los secretos del Imperio, por lo menos de algunos planes mortales, y pasárselos a los Rebeldes para evitar su exterminio.

De vez en cuando, en el transcurso del juego se intercalan (como una recompensa al jugador o como una interrupción completamente indeseable que congela la balacera y las corridas de aquí para allá) escenas "cinematográficas" que reciclan *La guerra de las galaxias*. Se produce así un circuito de copias y usos en varias direcciones: los iconos que pasan del film al video-game evocan, naturalmente, el film; las escenas del film en medio del video-game tienen el propósito de acrecentar su potencia narrativa, que, librada a la dinámica de las persecuciones y el tiroteo, es bastante débil. Entonces, las escenas "fílmicas" nos dicen: usted está jugando no simplemente como un jugador de video-game sino como un personaje de película. La banda de sonido, que incluye las voces de los enemigos que repiten algunas frases, subraya este carácter fílmico, porque no se trata sólo de los sonidos que produce la balacera, ni de una reiteración obstinada de unas pocas notas como en otros juegos, sino de una banda musical "verdadera", que se despega del estilo video-game para imitar el estilo "sonido en el cine". Los cambios de iluminación de los escenarios, cuando se disparan los grandes rifles lanzallamas u otros por el estilo, informan del mismo intento de persuasión realista.

Aunque *Doom* siga siendo, para todas las publicaciones especializadas, el mejor de los juegos de matanza, LucasArts busca otra cosa que le viene del cine y que el video-game recibirá todavía no se sabe de qué modo: un poco más de narración y de continuidad, un sistema iconográfico que remite de un discurso a otro. Dicen que si se completan todos los niveles del juego (recompensa colocada más allá de la paciencia de alguien que no sea un entusiasta) se pueden ver brevísimas intervenciones de los actores de *La guerra de las galaxias*, convenientemente digitalizados. En las huellas de *Doom*, *Dark Forces* se propone refinar a ese antecesor por ahora imbatible.

Sin dudas, *Doom I* y *Doom II* son las formas puras o, si se quiere, extraordinariamente primitivas. *Doom* (la palabra quiere decir destino, destrucción, ruina, juicio, y condena) es el juego más copiado, hackeado, trampeado y modificado de todos los video-games en su corta historia. A diferencia de los esfuerzos de LucasArts, *Doom* sólo tiene argumento en el libro de instrucciones que acompaña al CD. De allí en más, se limita a ser una balacera futurista, ritmada por una serie verdaderamente impresionante de jadeos, rugidos, gritos, ronquidos, escupidas, desgarramientos de la carne, sonidos de bestias y mutantes, goteos de tripas y vísceras, latidos de aguas espesas y venenosas, susurros de bolas radiactivas, explosiones, croar de sapos y corridas de cerrojos, cuerpos que caen como bolsas y vientres que explotan como *crackers*. Y todo esto combinado: jadeo más ametralladora, lamento de muerte más soplido de bola venenosa, aguas semisólidas más pasos de hombre que se hunde en ellas, mientras jadea hasta ahogarse en una sopa viscosa, verde y radioactiva. El chapoteo de los estanques traicioneros tiene tanto realismo como el ruido de los tiros, diferenciados según el arma que se use, y el golpe sordo de la caída de los cuerpos. Están acá todos los sonidos de las series de televisión, magnificados, recortados, depurados, engarzados.

Los sonidos son, en realidad, el elemento más realista de *Doom:* proporcionan, incluso más que la gráfica del juego, la perspectiva del jugador. En efecto, es él quien jadea, ronca, se queja y chapotea hasta ahogarse; él escucha los aullidos y los chillidos de sus enemigos permanentemente, incluso cuando no los ve, como una banda continua de amenazas que se independiza de lo que aparece en la pantalla y refuerza el suspenso, porque esos ruidos vienen de un lado de donde, previsiblemente, vendrán los enemigos, esas bestias humanoides, comedoras de carne humana, grandes como osos polares, peludas como gorilas, con pinchitos de acero; o esos soldados mutantes, de caras tan cuadradas y macizas como sus espaldas; o esas bolas de fuego, bastante graciosas, que pasan con un zumbido y arrojan gas venenoso. Los sonidos, cuyos emisores no se ven en pantalla, son los más electrizantes por su cualidad de amenaza pendiente; provienen de hombres convertidos en bestias caníbales y de los cerrojos y puertas que ellos abren o cierran en otra parte: sonidos más góticos que los gritos de los enemigos visibles o el jadeo rítmico del jugador. Como un bajo continuo que recorre todos los niveles del juego, los estertores no callan jamás.

Como sea su espectacularidad sonora, la gráfica de *Doom* fue, en su momento, el experimento más avanzado de construcción tridimensional del escenario, en tiempo real, a medida que el jugador avanza, gira o retroce. Fue (aun respetando el antecedente de *Wolfenstein*) el juego donde la producción virtual del espacio inauguró una generación nueva de video-games, que dejan atrás la bidimensión de las alfombras por las que se desplazan los muñequitos en sus peleas. En *Doom* el jugador no maneja un muñeco digitalizado visible en pantalla, sino que es él, sus ojos y sus pies, los que se desplazan por un escenario que efectivamente cambia a la velocidad del desplazamiento. Todo lo que se ve es una toma subjetiva del jugador. Quizás la iconografía de ese escenario pueda ser superada por lo que LucasArts traiga del cine. De todas formas, hay bastantes cosas propias de *Doom*.

Doom ofrece decenas de estancias ortogonales, de piedra rojiza, de cemento y de vidrio, corredores que doblan a noventa grados, escaleras en voladizo, plataformas abiertas como escenarios, fuentes hexagonales, piscinas rodeadas de rampas que conducen a torres de base cuadrada: una cueva de Minotauro habitada por guardias de crueldad nazi y monstruos insospechados por la mitología. Construidos por una enloquecida razón geométrica, los paisajes exteriores al edificio infinito son siniestros jardines artificiales: las aguas tienen una cualidad sólida, se mueven como bloques viscosos de pantalla coloreada, iluminados por luces que pegan al ras de la superficie. Las terrazas interiores y exteriores están bordeadas de antorchas, lámparas votivas (que evocan una especie de estilo romano-mussoliniano) y árboles estilizados. Estos árboles y estos paisajes de masas oscuras y cielos rojinegros son minerales, pétreos, inorgánicos. Estamos en Phobos, uno de los satélites de Marte (si se trata de *Doom I*) o en un planeta Tierra devastado por mutantes que responden a invasores extraterrestres (si se trata de *Doom II*). Es un mundo romántico diseñado por un programa geometrizante.

Doom también tiene rastros de un gótico a lo Roger Corman: pisos y paredes untados de sangre, miembros humanos colgando de ganchos, destrozados por las dentelladas de los mutantes caníbales, restos y cadáveres. Todo esto se puede volver a ver, si se retrocede; y retroceder para disfrutar con la mescolanza de carne muerta que se ha dejado atrás, es parte del lado siniestro-humorístico del juego: volver a pasar sobre los cadáveres despanzurrados, los cóagulos y los pingajos de carne. Abundan los monstruos que citan una especie de *bric à brac* mitológico: demonios acéfalos con las fauces en el vientre, lores del infierno con cabeza de minotauro, cyberdiablos con patas de cabra. Pero también hay chuchería tecnológica, como las arañas de patas de acero y cuerpo de intestinos; y, por supuesto, quedan los restos del desván del *fantasy* en las almas perdidas, que son cabezas sin cuerpo, los bolas de fuego sonrientes, los gorilas enloquecidos y los ex hombres que se alimentan de carne humana.

¿Qué significa todo esto?

Los decorados serían eso, simplemente decorados por donde se pasean los monstruos y los verdugos, sin el tratamiento tridimensional y la producción virtual del espacio, que ha sido diseñado y programado para responder a la performance de los jugadores. No hay un punto de vista predeterminado (en *Dark Forces* y *The Rise of the Triad* ni siquiera la altura de la visión es impuesta). La mirada produce el objeto, el punto de vista produce el paisaje. La cámara que capta ese paisaje no está manejada por un operador externo a la mirada: la cámara y el punto de vista son la mirada. De allí el realismo perceptivo de estos *games*, aunque los objetos percibidos no estén representados según la poética del realismo. Tampoco se juega a ser Gran Arquitecto y simular una ciudad (como en el caso pedagógico e ingenuo de *Symcity*), sino que se juega a matar y, mientras se mata, se recorre una ciudad que cambia porque se la recorre. El movimiento define el objeto de la visión, la velocidad de la percepción define la velocidad en que las perspectivas del objeto cambian. La tridimensionalidad es el realismo de estos juegos que no imitan ninguna iconografía real sino que citan las iconografías imaginarias de la historieta y del cine. Como su realismo es perceptivo (un realismo cinemático), lo representado no necesita ser realista.

Con su baja densidad narrativa, su hipercodificación estética y su imaginario mediático que suma de todas partes sin prejuicios, estos juegos piden que no los pasemos por alto. En *The Rise of the Triad*, la ciudad-fortaleza de los Oscúridos es producto de tres líneas constructivas: la monumentalidad arquitectónica de las grandes masas en cemento, piedra y hierro; la tecnología robotizada que imprime movimiento perpetuo a los cilindros, barras y cubos que se desplazan según un orden geométrico; y la decoración de una neoreligión sincrética, que tiene el pintoresquismo visual de la historieta y, también como la historieta, resonancias míticas. En *Doom*, la carnicería y sus ruidos son más importantes que el escenario. Sin embargo, el escenario cuenta: hay archivos de computadora, fabricados por fanáticos ingeniosos, que cambian la decoración de las paredes (de cuento infantil a porno liviano). De todas formas, *Doom* tiene escenarios diseñados con tanta economía como cuidado: allí también se combinan las lámparas votivas con las cortinas deslizantes, las galerías blindadas con los jardines de estanques "pompeyanos". *Dark Forces*, de LucasArts, presenta un cruce que posiblemente tenga el futuro asegurado: comunicar el cine con los *games*, en una transferencia de clichés y de íconos que se ancla en el reconocimiento de masas. Este giro sobre el capital de imágenes producido por el cine, ya está recibiendo sus intereses: los *games* se convierten ahora, como *Mortal Kombat*, en películas.

Estos préstamos hablan, como pocas cosas, del estado actual de la fantasía: la ilusión tecnológica de un poder ilimitado en un mundo ficcional cuyos avatares son siempre iguales. Allí está la imaginación del gótico plebeyo del *pop*, ese gótico que el *pop* mezcla con la modernidad urbana; allí está el misterio de las religiones ocultísticas, que fascinaron a la literatura de aventuras, y que hoy pueden ser reciclados dentro del espíritu *New Age*; allí está la iconografía de ciencia ficción en su despilfarro de ilusionismo técnico; allí están los laberintos de la muerte, banalmente reciclados por el arsenal de las guerras futuras en un matadero de mutantes. Todo en un pastiche visual que responde bien a la mezcla de violencia y romanticismo de las nuevas fantasías paleo-post-neo-retro-leather-dark.

Surrealismo y motocicletas

Full Throttle, un reciente invento de LucasArts, comienza como un film de animación: sobre un plano de motocicleta supercromada y algunos primeros planos de Ben, jefe de la banda de motociclistas llamada los Polecats, se oye su voz recordando el comienzo de la historia que el juego propone a los usuarios. La voz de Ben tiene esa calidad rústica, ronca y calurosa de los matones buenos pero beligerantes del cine o la TV (que puso de moda, hace casi un cuarto de siglo, el detective Kojak). Ben es un muchacho devotamente aficionado a las camperas de cuero, los tatuajes, las tachas, el *heavy metal* y, por supuesto, las chicas y las motos. Como en un comienzo de novela norteamericana de las que hay decenas, Ben dice: "Cuando pienso en Maureen, pienso en dos cosas: asfalto y líos". El video-game cumple puntualmente esa promesa. La secuencia cinematográfica continúa presentando, someramente, los términos del conflicto a resolver, hasta que, en una vuelta no demasiado coherente del *flash-*

back, Ben se despierta de un desmayo provocado por sus enemigos, dentro de un volquete de basura. De allí en más, el jugador deberá conducirlo hasta el desenlace, que incluye, naturalmente, la restitución del orden: esto es, la banda de Ben vuelve a los caminos, el malvado que quería apropiarse de la última fábrica norteamericana de motocicletas auténticas recibe su merecido, etcétera.

Lo interesante, por supuesto, sucede en el medio, en los varios episodios del juego, no tanto por su originalidad como juego, sino por su originalidad gráfica y sonora, por la gracia primitiva de Ben y la estética de *comic* de los dibujos, la coherente banda de sonido original de los Gone Jackals, editada por supuesto en otro CD, y el repertorio especialmente verosímil de voces masculinas pastosas y voces femeninas "vulgares", tributo a las meseras del cine "realista" norteamericano. Los *scorzos*, los primerísimos planos, las perspectivas laterales, las fugas, los puntos de vista exageradamente altos o bajos avisan todo el tiempo que esto es cine/*comic*/ficción, que ésas son las marcas formales del juego.

¿Por qué *Full Throttle* parece mejor que otros video-games aunque sus posibilidades de manipulación técnica no puedan competir con las de los productos tridimensionales de LucasArts, como *Dark Forces*? Por su coherencia estilística y su humor. Hay algo en este *game* que lo separa de la pesadez repetitiva, de la seriedad ligera o de la ininterrumpida jocosidad que son la marca de todos los juegos. Y al mismo tiempo, separándose del lote, *Full Throttle* evita también el abismo de los juegos que quieren ser demasiado originales, y patinan en la pretensión surrealista de *Myst.*

Trabajando con elementos muy convencionalizados (*comics* y rock *heavy metal*), logra disponerlos de manera coherente tanto desde el punto de vista estilístico como ideológico. Sobre el fondo de un desierto, atravesado por carreteras sobre cuya superficie se deslizan motociclistas que están destinados a trenzarse en alguna gresca, se combinan los motivos de un *road-movie* para adolescentes en una serie de encuentros cuyo decorado principal es la basura de una cultura automotriz: playas de autos abandonados, pilas de partes de motores, volquetes, talleres mecánicos, gasolineras y por supuesto, bares del camino. Todo es basura metálica en el paisaje; todo es cuero y tachas sobre los cuerpos. Paisaje y cuerpos pertenecen a un imaginario perfectamente convencional, perfectamente homogéneo, y perfectamente coherente en su diseño gráfico: las mandíbulas trapezoidales de Ben, sombreadas en gris por la barba, la pelada rasurada del barman, de brazos descomunales y anillo en la nariz, los garrotes y las barretas con que se castigan las bandas rivales, el cigarro consumido que mastica uno de los antipáticos, el rictus duro de las chicas que, naturalmente, son tan *heavy* como los muchachos. Los objetos son pertinentes y precisos: mangueras, bidones, cubiertas viejas, ruedas, *trailers* llenos de desperdicios, rejas y cortinas metálicas, metálicos colmillos de perros guardianes, muescas que saltan de las motos en los accidentes y encontronazos.

La consistencia de estas materias, grasa, cuero y metal al borde de su transformación en basura, podría detenerse acá, en la presentación de los escenarios y los personajes. Sin embargo, *Full Throttle* lleva su opción estilística a un aspecto del juego que, en general, es muy convencional: la *interface* con el jugador, es decir los íconos que le permiten al jugador hacer que el juego avance eligiendo opciones o enterándose del estado de sus pertenencias. La *interface* de *Full Throttle* es un tatuaje integrado por tres elementos y algunas variaciones: una calavera (que sirve para ver, cuando se abren sus ojos inyectados en sangre, para hablar cuando del agujero de la boca se proyecta una lengua), una mano (que obviamente se abre y se cierra para tomar objetos y combinarlos) y un borceguí (que se usa para patear y producir adecuados sonidos de pateaduras). Estos elementos, dispuestos en un triángulo, están rodeados de arabescos simples de banderín *tex-mex*. Perfectamente podrían ser la insignia del gang de motociclistas y, cuando están en pantalla, arman una continuidad visual bien aparejada con lo que se está viendo. A diferencia de otras *interfaces*, la de *Full Throttle* es interesante porque tiene motivación poética fuerte: combina bien con todo, aunque sólo sea porque la coherencia de todo está apoyada en el ensamblaje de pocos, reconocibles y sencillos elementos visuales.

Pura superficie, la calavera, los caminos, los basurales y los bares de *Full Throttle* tienen el humor del *comic*. Nada está allí para que alguien se detenga a hilvanar segundos pensamientos sobre las cosas; por el contrario, todo responde a peripecias exageradas y bien conocidas: hipérboles cómicas de pelea, de maldad, de agresión o de dureza. Caricaturas de un estilo, el *heavy*, que nació como exageración y caricatura. Acá no hay promesas de sabiduría, ni de destreza, ni de nada.

En el extremo estilístico e ideológico opuesto a *Full Throttle* está *Myst*, un éxito "culto" del videogame. Si hay un juego pretencioso y pedante, éste es *Myst*. Se trata de un *trip* electrónico que, si se resuelven todos los acertijos, nos permite ser espías de cuatro mundos imaginarios, localizados todos ellos en una isla. Si el espacio de *Full Throttle* se expande a través de incontables depósitos de basura metálica, el de *Myst* está decorado por un falsificador de cuadros de Magritte. Allí están los mismos tonos pastel, las mismas combinaciones de celestes, verdes y grises, la misma luz irreal que hace que todo sea siempre más bonito. *Myst* es un cuento del género *fantasy* puesto en un escenario lo suficientemente kitsch como para que sea inmediatamente aceptado como bello, pero lo suficientemente cuidado en sus detalles para que no acuse de inmediato el kitsch.

Como mucha pintura surrealista, la gráfica de *Myst* es prolija, con un detallismo de inventario. Las materias representadas son siempre materias nobles: mármol veteado, madera veteada, cristales, piedras duras, lapislázuli, ébano, marfil, oro. Los objetos participan también de este imaginario decadentista, con toques naturalmente posmodernos: salones decorados a la oriental, dormitorios siniestros llenos de mescolanza gótica, bibliotecas sumergidas desde donde, como en el Nautilus, se ve el mar y los peces que se deslizan frente a polígonos vidriados, sala de compases donde la rosa de los vientos responde a un ideal de marquetería e incrustaciones muy fin del XIX, kioscos chinos armados con tecnología del hierro tipo torre Eiffel, salones atiborrados de mármoles art déco y cuadros que evocan a Füssli, jaulas con ruiseñores y jaulas electrizadas, imitaciones de cuadros de Ingres y de Delacroix, tapices, mosaicos, estructuras que contradicen a sus materiales (por ejemplo, cubos de vidrio con aristas de piedra y, dentro de ellos, poliedros de metal que se iluminan cuando el cursor del *mouse* pasa cerca). También hay una plétora de objetos imposibles como naves estelares de piedra y rulemanes gigantescos tallados en roca. No falta un mundo "primitivo", donde puentes y lianas a lo Tarzán unen caminos bordeados por pantanos que conducen a un molino de aspas ¡holandesas!

Los prodigios que se le ocurran a un lector medio de Tolkien suceden casi todo el tiempo: los barcos hundidos salen a la superficie, las notas de un pianito activan los motores de una nave espacial, objetos diversos aparecen de la nada, las materias sólidas cambian de color, un tronco gigantesco se revela como oportuno ascensor y adentro de los libros hay videos de los personajes del juego. La enumeración de prodigios y artefactos podría seguir, pero no quisiera engañar a nadie: para ver todos estos portentos es necesario resolver los acertijos más difíciles. De todos modos, una guía oficial del juego (un verdadero libro de trampas, del que en Estados Unidos se vendieron ya medio millón de ejemplares) permite verlo todo sin pensar las soluciones a los acertijos que, por otra parte, están llenos de duplicidades y engaños. La pedantería desorbitada de estos acertijos es quizás la razón por la que *Myst* parece un juego tan intelectual. Como sea, si alguien se compra el juego y decide prescindir de la guía oficial (que se vende aparte por correo), podrá recorrer el primer escenario de la isla, el más francamente Magritte, con el agregado de algunos diseños neoclásicos que lo convierten en un parque donde trabajaron discípulos de Palladio y de Disney dirigidos por un contratista de obra que admiraba el surrealismo.

La imaginación *Myst* es a la vez romántica y ordenada. Pero su rasgo más fuerte es el de la saturación completa de signos culturales prestigiosos, mezclados sin prejuicios de coherencia, y centrifugados en el hiperrealismo de la gráfica y la perfección, también hiperrealista, de los sonidos. Todo con una música que, por rachas, evoca lo peor de Philip Glass.

Sin embargo, *Myst* está allí avisando que no hay nada en la tecnología del video-game que expulse definitivamente a los íconos de la cultura culta. Lo hace de un modo muy norteamericano, saqueando, con una pedantería un poco rústica, el inventario cultural de varios siglos. Ese modo también provoca en el nombre del juego, *Myst:* mística, mito, bruma, sublimados por la siempre misteriosa, la siempre culta, y griega.

Desventuras en el cyber-espacio

Todo es lenguaje, nada escapa al lenguaje, la sociedad está completamente atravesada, penetrada por el lenguaje. La cultura es una fatalidad a la que estamos condenados.

ROLAND BARTHES

Para algunos profetas, esta cita sólo prueba la resistencia de los viejos intelectuales letrados a las derivas pre, post, ultra-lingüísticas en las que ya estaríamos viviendo. Se ha cruzado el umbral de la escritura, suelen advertirnos, y estamos en otra parte, en el cyber-espacio donde las destrezas aprendidas frente a la pantalla serían las únicas verdaderamente adecuadas. La cultura visual nos convertiría a todos en hermanitos de Beavis y Butt-Head: sentados frente a nuestras pantallas, miraríamos videos de aquí hasta la próxima revolución tecnológica. Desdichadamente para Beavis y Butt-Head, las cosas no son así ni siquiera cuando se trata de jugar un video-game un poco más complicado que la tradicional masacre de androides enemigos. Vamos al ejemplo del último *hit* de las revistas especializadas: *Myst.*

El primer paisaje, en la primera pantalla de *Myst,* alienta todas las esperanzas de quienes piensan que la computadora nos ha puesto en un nivel de orgulloso autoabastecimiento donde la cultura de la letra no tiene casi lugar. Da la impresión de que se puede jugar sólo con glissandos de *mouse*, y que uno se desplaza por los lugares más cursis y agradables simplemente, sin saber nada, sólo mirando y haciendo click. Pero cuando ya pasaron algunos minutos frente a esa primera pantalla, uno quisiera ver alguna otra cosa. Si bien el embarcadero de tablas relucientes, el ruido manso del agua, las dos gaviotas que entran, casi imperceptibles, desde el fondo del cielo, los aparejos de pesca y la quilla de un velero son bastante atractivos, después de un rato se siente el deseo de que pase algo (los juegos nos han acostumbrado a una velocidad plena de acontecimientos, aunque sean siempre los mismos). Y bien, sobre un costado del muelle hay una puerta que se desliza y una escalera que se hunde en la tierra. Bajamos: en el sótano, una especie de fuente muestra la superficie rugosa del agua en ebullición. Sobre el borde de la fuente, dos botones provocan el primer imprevisto: la fuente se seca y deja ver una armazón de hierros, algo así como una reja sevillana que había estado oculta bajo el agua. En un recorrido de ciento ochenta grados, hecho con lentitud, se descubre, sobre la pared, casi al lado de la escalera, un tablero de control y un panel de anotaciones.

En este punto, quien está jugando *Myst* recuerda que, junto con el paquete del soft-ware, encontró un cuaderno cuyas hojas estaban en blanco. En la tapa dice: "Diario de Myst", y en su primera hoja se nos exhorta a que imaginemos que nuestra mente es una pizarra en blanco, como las páginas de ese diario; que permitamos que *Myst* se convierta en nuestro mundo; que esta tierra incógnita nos ofrecerá las respuestas que buscamos si tenemos ojos para ver, oídos para escuchar e ingenio para recordar. Para esta tarea, es indispensable que escribamos nuestras observaciones y pensamientos en esas páginas, etc., etc. O sea, me digo agitando nerviosamente el *mouse*, que para jugar a *Myst* voy a tener que escribir prácticamente una novela.

La cosas no mejoran a la salida del sótano. Sigo un camino, prolijamente armado con planchas de madera sobre musgo verde pastel, hasta llegar a una especie de templete clásico (una muestra bastante clara de la inspiración posmoderna de la cyber-arquitectura). En su incongruente interior, que evoca la comodidad de un salón de casa inglesa o de country-club sobre la Panamericana, el templete ofrece las amenidades habituales: paredes que se desplazan, cuadros cuya superficie se convierte en un remolino, falsas perspectivas, un pasillo que conduce a la torre, ascensores, un ingenioso dispositivo para hacer que la torre gire y que la rotación revele vistas de casi toda la isla. En fin, un poco de todo, con lo que se puede pasar algunos minutos entretenidos. Pero, después de operar los *gadgets* varias veces, porque los sonidos son especialmente divertidos con su estilo de película gótico-surrealista, me doy cuenta de que por algo estoy en una biblioteca: allí enfrente, cuatro estantes indican al jugador menos entrenado que esos libros piden que se los abra. Mientras tomo el primero, con click simple del *mouse*, ruego a Dios que los textos no sean demasiado largos. Dios me escucha, porque la página ante mis ojos muestra un recuadro donde, en abismo, aparece una imagen animada que da varias claves. Entonces vuelvo a acordarme del cuaderno: son cosas que tengo que anotar porque a esta altura ya está bastante claro que no voy a poder seguir en *Myst* sin ellas.

Todo se vuelve excesivamente lento para quien está habituado a la nerviosidad de los golpes de teclas de otros juegos. Pero todavía no empezó lo peor. El segundo libro que saco de la biblioteca está literalmente repleto de texto, páginas y páginas de la historia de Atrus, un explorador del tiempo que ha dejado a sus hijos en esta isla en algún momento del pasado, que ha visitado la isla varias veces en la Edad de la Nave Espacial de Piedra, que tiene su mujer en alguna otra parte, y que me llena de datos cuya utilidad futura no estoy en condiciones de evaluar en este momento. Maldición. Los libros siguientes también tienen texto y diagramas. Maldición. Las cosas ya se convierten en el kitsch onírico de una pesadilla soñada por un falso Tolkien.

Myst desmuestra varias cosas, incluso si dejo de jugarlo en este momento. La que me interesa ahora concierne a la cita copiada al comienzo: no escapamos a la lengua y no escapamos a las destrezas que la lengua nos demanda. Podríamos considerar que *Myst* es una alegoría novelada de nuestra relación con el cyber-mundo que está en nuestro futuro: nadie podrá navegarlo sin las destrezas de la lectura. No hay capacidad en el manejo de imágenes, ni velocidad del *mouse* que auxilie frente a este problema sencillo: ¿cómo puedo seguir viendo el juego sin leer los libros de la maldita biblioteca?

Tengo un atajo que pasa por jugar simplemente los juegos de masacre y mirar clips. Pero, si el atajo se vuelve aburrido, allí se me impone la fatalidad: "nada escapa al lenguaje". Nada escapa tampoco a la escritura. Entonces ¿no hay fuga hacia un futuro diseñado por Windows, de íconos y de clips, un futuro audiovisual donde los cyber-niños enseñen a sus maestros y los maestros ya no tengan nada que comunicarles? Por el momento, la lectura es la forma de nuestra fatalidad, aunque los profetas de la cyber-utopía fantaseen lo contrario.

La máquina de leer

Leer: una de las operaciones más complejas. No es sorprendente que adquirir un manejo de la máquina de leer sea difícil y, en períodos de mutación cultural, se corra el riesgo de perder la máquina y la destreza para manejarla. Para decirlo con algunas comparaciones evidentes: es más difícil aprender a leer que aprender a conducir un coche o una bicicleta, jugar al tenis, cocinar comida china, andar a caballo o tejer. Por supuesto, aunque vale la pena recordarlo, es más difícil aprender a leer que a mirar televisión.

En lo escrito hay una clave de bóveda del mundo. Todavía no se ha inventado nada más allá: los hipertextos, Internet, los CDROM y los programas de computadora suponen la lectura, obligan a la lectura y no son más sencillos que los libros tal como los conocimos hasta hoy. Quien afirme algo diferente nunca vio un CDROM ni un programa de hipertexto, o quiere engañarnos haciendo barato populismo tecnológico. Si el futuro son las computadoras, la lectura es indispensable. Ténganlo en cuenta quienes profesan la optimista superstición del futuro.

Pero no querría hablar del futuro, porque ya los suplementos de ciencia de los diarios exaltan suficientemente el mundo maravilloso que nos espera. Querría hablar del pasado y del presente. La lectura opera con una máquina del tiempo que hasta hoy no ha sido igualada por ninguna otra máquina: bajo la forma de página impresa o de pantalla de computadora que imita o perfecciona la página impresa, están el mundo que fue y el mundo que es. Hasta hoy, nuestra cultura (quiero decir la cultura llamada occidental en sus diversas versiones) es visual y escrita. Esto no la hace superior a las grandes culturas orales del pasado: simplemente, marca su diferencia y el ser de su diferencia. Se puede valorar la oralidad, pero no se puede volver a ella como instrumento básico de la continuidad cultural. Se podrá prever un futuro donde la lectura resigne su hegemonía frente a otras formas de transmisión, pero ese futuro todavía no ha llegado y, si llega, llegará por la lectura y no a pesar de ella.

Es indiferente el soporte material de la lectura: ¿una página impresa, un microfilm, la pantalla de una computadora, un holograma? En el límite, todos exigen esa capacidad infinitamente difícil: interpretar algo que ha sido escrito por otro. Leer es, siempre, de algun modo, traducir.

La máquina de leer pide ser accionada con sutileza. Pero admite que se la ponga en marcha en las condiciones más libres. Difícilmente pueda pensarse en otra máquina que sea, a la vez, tan complicada en su manejo y tan abierta a los usos más personales, secretos, innovadores, transgresivos. La máquina de leer nos permite prácticamente todo.

La máquina está allí: mucho menos servil que un televisor, mucho más compleja que una computadora, pero también más esquiva porque exige más de quien la opera. La máquina de leer, instalada en la larga duración de la historia, sigue funcionando cuando otros instrumentos hoy sólo pueden ser vistos como curiosidades en los museos de la técnica. La máquina de leer: una hipermáquina, una nave espacial, una cápsula de tiempo, un espejo, un Aleph.

Indice

III. Todo es televisión

Esta edición
se terminó de imprimir en
Cosmos Offset S.R.L.
Coronel García 444, Avellaneda,
en el mes de noviembre de 1997.